将来的你，

一定会感谢现在拼命的自己

这样做男孩才出息

向阳◎著

朝華出版社
BLOSSOM PRESS

图书在版编目（CIP）数据

将来的你，一定会感谢现在拼命的自己 : 青少版.
这样做男孩才出息 / 向阳著. -- 北京 : 朝华出版社,
2017.6
ISBN 978-7-5054-3930-6

Ⅰ.①将… Ⅱ.①向… Ⅲ.①男性－成功心理－青少
年读物 Ⅳ.①B848.4-49

中国版本图书馆CIP数据核字(2017)第051004号

将来的你，一定会感谢现在拼命的自己（青少版）——这样做男孩才出息

作　　者	向　阳

选题策划	王　剑
责任编辑	赵　倩
特约编辑	王　林
责任印制	张文东　陆竞赢
封面设计	昇一设计

出版发行	朝华出版社		
社　　址	北京市西城区百万庄大街24号	**邮政编码**	100037
订购电话	（010）68996618　68996050		
传　　真	（010）88415258（发行部）		
联系版权	j-yn@163.com		
网　　址	http://zhcb.cipg.org.cn		
印　　刷	三河市三佳印刷装订有限公司		
经　　销	全国新华书店		
开　　本	710mm×1000mm　1/16	**字　　数**	180千字
印　　张	15.75		
版　　次	2017年6月第1版　2017年6月第1次印刷		
装　　别	平		
书　　号	ISBN 978-7-5054-3930-6		
定　　价	32.00元		

Preface
前言

男孩精神是一个永恒的话题。男孩担负着支撑家庭和服务社会的重任，应该具备能吃苦、勇敢、坚韧、自立、有责任感和机智果断等优秀品质。但同时男孩又大都喜欢冒险、挑战，有时也会叛逆，对诱惑的抵抗力偏低，所以男孩要想真正成才，需要付出极大的努力。因为优秀不是先天决定的，没有人生来就是优秀的，优秀源于追求，想要成才就必须从小做起，也就是说立志要趁早。有远大抱负的孩子，才能在以后的人生路上不断追求优秀，才能赢得辉煌灿烂的人生。

事实上，几乎每个男孩都渴望拥有成功的人生。但是，一些人因为缺少正确的指导，以及自我管理能力不足，所以在人生的征途中往往事倍功半，乃至一事无成，甚至误入歧途。而青少年时期形成的观念，会在一定程度上影响人的一生。所以，在人生开始的时候，男孩们就应该知道什么是高尚的思想，什么是优良的德行，什么是良好的习惯，什么是真正的男孩精神。

成长不仅仅是生理上的发育，更是思想上的成熟。在男孩的成长过程中，有一些必修课是一定要完成的。比如，如何与自己相处，如何与他人相处，如何赢得尊重，如何获得成功，如何面对失败，如何找到人生目标……这些功课有时需要男孩亲身经历，才能找到正确的答案；有时则需要他人的指导，男孩才能知道适当的解决办法。所以男孩要想成长为坚强、有责任感、有能力的男子汉，身边就需要坚定、智慧、友善的领路人。男孩将来会成为什么样的人，会有什么样的成就，与青少年时期的志向是什么，付出的努力有多少密切相关。

这本书就是这样一位"领路人"，它不仅为男孩们提供了成功人士的智慧精粹、实践经验，而且为想要成才的男孩们确定了努力的方向。一个个充满汗水和睿智的奋斗事例，教给男孩们智慧与哲理，鼓舞他们坚持不懈，教会他们得心应手地处理生活中的难题，教会他们更好地把握成功的机遇，从而让自己成为一个优秀的人，成为一个幸福快乐的人。

今天，你要开始新的生活；

今天，你要爬出满是失败创伤的樊篱；

今天，你将从最高最茂密的藤上摘下智慧的果实，这葡萄藤是前人种下的；

今天，你不仅要品尝果实的美味，还要吞下每一粒成功的种子，让新生命在心中萌芽。

男孩，从今天开始，你要追求优秀！

Contents
目 录

Chapter ❶ 生为男孩，绝不能自甘平庸

生为男孩，可以平凡，但不能平庸。平庸者是指那些在人生的道路上没有理想，没有追求，无所用心，懒懒散散，碌碌无为的人。男孩如果没有自己的计划和目标，逃避责任，拒绝进步，终将沦入平庸者之列。男孩应该珍惜时间，执着追求，朝着理想的方向奔跑，"秀"出自己的精彩。

Chapter ❷ 男孩，年轻时的苦难，花钱也要买！

父母常用鹿儿岛方言教导孩童时代的稻盛和夫："年轻时的苦难，花钱也该买。"男孩，我们在年轻时经历的一切逆境都应该值得庆幸，甚至花钱也应该去买的，因为逆境正是让我们更加强大的基石。你见过悬崖边上的松树吗？这些松树还是幼苗的时候，由于缺少水分和养料，生长得很缓慢。为了吸收更多的养分，它们把根伸向更深的岩石中，日复一日，年复一年。当它们长成参天大树的时候，它们的根已经牢牢地嵌进百尺深的岩石缝隙中，已经没有什么能够撼动它了。正是逆境才把它们塑造得如此刚劲。男子汉就应该像青松一样，在逆境中成长，刚强不屈，顶天立地。

Chapter ❸ 自立、有担当的男孩才能成大器

自立、有担当，是一个男孩成为男子汉的重要标志，也是男孩最引以为傲的素质。有的男孩可能非常聪明，学习成绩非常优秀，但如果他不能自立，缺少担当的勇气，那么，聪明对他而言可能会一文不值。反之，如果自立、自制、有担当，再加上一点儿笨鸟先飞的精神，男孩总能成长为一个顶天立地的男子汉。

Chapter ❹ 男孩，多学一点儿，你会更优秀一些

男孩在求学阶段，不要觉得自己有些小天赋或者小聪明便骄傲自满，从而不努力、不勤奋、不认真；也不要心存侥幸心理，觉得好成绩总会跟着自己。如果说知识是一汪泉水，那么勤奋就是活水的源泉；如果说知识是一盏明灯，那么勤奋就是点亮灯芯的火光；如果说知识是一座摩天大厦，那么勤奋就是构筑大厦的基石。勤奋不仅能让你获得更多的知识，更能让你变得出类拔萃。

Chapter ⑤ 勇气不是谁赐予的

励志大师卡耐基曾经这样激励年轻人："要勇敢一次！整个生命就是一场冒险。走得最远的人，常是愿意去做并愿意去冒险的人。"只要你勇敢，世界就会让步。有时它会战胜你，但只要你不断地勇敢再勇敢，世界总会向你屈服。

Chapter ⑥ 永远积极主动，绝不找任何借口

有时候，阻碍我们成功的不是我们的能力不够，而是我们的心态不对。不要以为机会、成功、幸福都是你的客人，它们会在你的家门口按门铃，等待你开门把它们迎接进来。假如你不主动去寻找，它们永远不会光顾。成大事者的生活之道是做一个积极主动的人，一切向前看！积极主动的心态就像火种，一旦点燃，就会引发奇迹，如果坐等成功，那么终将一无所获。

Chapter ⑦　学会与孤独、恐惧相处

　　面对未来的种种挑战和不测，男孩只需要知道两点：争取最好的，准备最坏的。争取最好的，是一种积极进取充满信心的心态；准备最坏的，是一种理智理性的心态。同时拥有这两种心态，才不会恐惧，才能在任何情况下都保持斗志，精神抖擞地去迎接挑战。

Chapter ⑧　伟大是管理自己：把每一件事都做到精彩绝伦

　　有时候男孩想要做得更好，并不是需要多强的能力，男孩所需要的，只是为了目标心无旁骛，投入所有的时间并发挥自己所有的才干。只有把每一件事情做到最好，才能让自己更卓越；只

有比对手更专注，才能将竞争对手抛在身后。男孩要成功，要成为一个伟大的人，首先就要把自己管理好。

Chapter ⑨　男孩，像选择战友一样选择朋友

"物以类聚，人以群分。"有人说，看一个人的能力高低，就看他身边的朋友的能力，看一个人的品格好坏，就看他周围朋友的品格。

"近朱者赤，近墨者黑"。平时与谁交往得多，受到谁的影响就大。所以，选择什么样的朋友很重要。男孩本身辨别是非的能力还有待提高，思想还不成熟，很容易受到身边人、身边环境的影响。假如你有一个努力进取的朋友，那么你也将成为一个积极进取的人。所以男孩应当像选择战友一样选择自己的朋友，从而在朋友的陪伴和激励中不断提升自己，获得进步。

Chapter ⑩ 努力是最好的信仰：做最好的自己

财富给我们带来丰饶的物质，成就给我们带来至上的荣耀，但是除了这些，人生还有很多重要的事情，比如爱心、快乐和感恩。有了这些，我们获得的财富、我们取得的成功才有意义和价值，也才能更长久。用进取的心对待世界，对待生活；用快乐的心创造世界，改变生活；用感恩的心感受世界，感受生活，这才是人生最重要的事情。

1 Chapter 生为男孩，
绝不能自甘平庸

生为男孩，可以平凡，但不能平庸。平庸者是指那些在人生的道路上没有理想，没有追求，无所用心，懒懒散散，碌碌无为的人。男孩如果没有自己的计划和目标，逃避责任，拒绝进步，终将沦入平庸者之列。男孩应该珍惜时间，执着追求，朝着理想的方向奔跑，"秀"出自己的精彩。

立志要趁早：男孩要胸怀凌云志

从前，有3只羽翼已经丰满的小鸟，要离开妈妈去独立生活。它们飞到一座长着许多苹果树的小山上，其中一只小鸟落到苹果树上说："这里真好，有这么多果子，阳光正好照在这个小山坡上，不如我们就在这里安家吧！"另外两只小鸟说："这不是我们的梦想，我们不能停在这里，我们的路还远着呢。"要在这里安家的那只小鸟说："你们去寻找吧，我觉得没有比这里更好的地方了。"

于是，另外两只小鸟告别同伴，向更远更高的天空飞去了。

飞呀，飞呀，它们飞到了云端之上。白云像棉花一样软软的，天空蓝得像一颗宝石。其中一只小鸟忍不住赞叹："呀！这里太美了，我们飞到白云上面了，真了不起呀！不如我们就在这里停下来吧？"

另一只小鸟想了想说："不，我还要飞得更高，我想飞到太阳那里去呢！"

"那太不可思议了，我觉得我可飞不了那么远。也许，没飞到太阳那里，我已经累死了。"

"那好吧，再见吧，亲爱的兄弟，我要自己去寻找太阳了。"说完，它振翅翱翔，向着太阳执着地飞去……

就这样，落在树上的成了麻雀，留在云端的成了大雁，飞向太阳的成了雄鹰。

这个故事告诉我们：有什么样的志向，就有什么样的人生。如果你的志向是拥有很多财富，那么，你将来有可能成为一位成功的商人；如果你的志向是造福人类，那么，你将来有可能成为一位像爱迪生那样的发明家；如果你的志向是改变国家和民族的命运，那么，你有可能成为一位像华盛顿那样的领导人。

1983年11月1日，美国总统里根在白宫接待了一名特殊的客人，他不是来请里根签名的，而是被里根请来"做总统"的。他叫比利，只有7岁，他有一个梦想——长大要成为美国总统。但是，比利患了一种绝症，医生说他活不过10岁。里根总统在得知比利的故事后，邀请他来到白宫，做一天美国的"总统"。而里根，则降职为"总统"的助手，听从"比利总统"的吩咐。比利非常开心，因为他终于实现了自己的梦想。

里根为什么要满足一个身患绝症的孩子的总统梦呢？因为他知道，梦想对一个孩子来说是多么重要。他要用这种方式告诉全国的每一个孩子，只要有梦想，人人都可以实现。

每个男孩都应该有属于自己的梦想，无论遇到什么困难都不要放弃，不要像小麻雀一样，因为一棵苹果树就停下追寻梦想的脚步。

华人导演李安年轻时的梦想就是成为一名导演。当年他准备报考美国伊利诺伊大学的戏剧电影系，但遭到父亲的强烈反对。父亲告诉李安这样一个事实：在美国百老汇，每年只有200个角色，却有50000人去竞争。李安直到从电影学院毕业，经历了一番求职挫败之后，才明白父亲当年的担心。毕业后的6年时间，他只能帮剧组看器材，做剪辑，做个小剧务，打打杂。后来，为了养家糊口，李安只好去了社区大学，不情愿地报了一门电脑课，希望能学到一技之长，然后找个工作。这件事被李安的妻子发现了，她对他说："安，你要记得你的梦想！"

妻子的一番话，让李安幡然醒悟，他决心坚持自己的梦想，把精力重新放在自己热爱的电影事业上。

后来，李安的剧本终于得到基金会的赞助，让他圆了导演梦，再后来，他的一些电影开始在国际上获奖。2001年，李安得到了他的第一座奥斯卡金像奖奖杯。这时，妻子旧事重提，告诉李安："我一直就相信，人只要有一项长处就足够了，你的长处就是拍电影。学电脑的人那么多，又不差你李安一个！你要想举起奥斯卡的小金人，就一定要保证心里有梦想。"

许多男孩，甚至我们的父母有时也会急功近利，希望我们在短时间内就取得成绩，如果不能，就认为这条路行不通，马上改弦易辙。一个人要做好一件事，学好一门手艺，精通一个专业，往往需要经历数十寒暑的勤学苦练，怎么可能在短时间内就见成绩呢？

实现梦想的路不会是一帆风顺的，有很多人艰难地行走在通往梦想的路上，而你不过是他们中的一员。看着那么多人不能坚持下来时，你可能开始对自己失去信心，开始怀疑实现梦想的可能性。男孩，你要记住，最终赢得梦想奖杯的，是那些在梦想的路上执着前进、不断寻求机会的人。

想实现梦想，就要像李安导演一样，为你的梦想永远不停地奔跑下去。

· 你不可不知的道理 ·

文艺复兴时期的西班牙大作家塞万提斯告诫世人："目标愈高，你的志向便显得愈高贵。努力是通往一切荣誉的必经之路。"所以，人不能只为了现在而活着，男孩必须尽早就设计好自己的人生之路，做好长远打算，并且积极行动起来。

延伸阅读

李安，1954年出生于中国台湾，著名导演，曾担任第66届威尼斯电影节评委会主席。他的第一部作品《推手》在台湾获得了金马奖最佳导演奖等8个奖项的提名；《喜宴》在柏林电影节上荣获金熊奖；《饮食男女》获得奥斯卡最佳外语影片提名，并获1994年台湾十佳华语片第一名。2006年，他凭借电影《断背山》获第78届奥斯卡金像奖最佳导演奖。2013年，他凭借电影《少年派的奇幻漂流》获第85届奥斯卡金像奖最佳导演奖。为表彰他对电影的贡献，小行星64291以他的名字命名。

怀抱你的目标，背负起你的鸿鹄之志

现在，男孩们都一定有了自己的鸿鹄之志，但千万不要以为有了志向，一切问题就都迎刃而解了。因为目标的完成不是一朝一夕的事，它有可能会耗费你10年、20年，甚至更长的时间。

有一天，布罗迪老师在收拾阁楼时意外发现了一些练习簿。打开一看，原来是50年前他在一家名为"皮特金"的幼儿园当老师时给孩子们留的一个作业。他让孩子们在本子上写下了自己的梦想。他以为这些东西早就遗失了，没想到，它们竟然完好地被锁在一只小木箱里。

布罗迪老师打开已经泛黄的本子，很快就被孩子们那些千奇百怪的梦想吸引住了。比如，有个叫彼得的孩子写道，他将来一定会成为海军大臣，因为有一次他在海里游泳，喝了3升海水，居然安然无恙。另外一个孩子认为自己能当法国总统，因为他能背出25个法国城市的名字，而其他同学最多只能背出7个。还有的孩子想当宇航员，有的想做王妃。还有一个叫戴维的盲童，他的理想是做英国内阁大臣……

布罗迪老师不禁被孩子们这些天真的想法逗笑了。如今，不知道这些孩子是否还记得自己当年的梦想，如果他们看到自己当年用稚嫩的小手写在纸上的这些可爱却又似乎难以实现的儿时梦想，会是怎样的心情，是莞尔一笑，还是感叹岁月不饶人？

布罗迪老师找到当地的一家报社，希望报社能够帮助他找到这些梦想的拥有者。几天后，布罗迪老师收到了很多信件。这些信都是当年的那些孩子写来的，他们都希望得到当年的练习簿，因为他们早就忘记了50年前在课堂上偶然写下的梦想。布罗迪老师按地址一一给他们寄去了练习簿。

最后，布罗迪老师手里只剩下一个练习簿了，就是那个想做内阁大臣的盲童的。布罗迪老师想也许这个孩子早就不在人世了，当然，因为他是盲人，他根本看不到报纸上的启事……他捧着这个小男孩的梦想万分感慨，是啊，每个孩子的梦想都是值得珍藏的。

就在布罗迪老师打算把戴维的练习簿送到一家私人收藏馆收藏时，他意外地收到内阁教育大臣戴维·布伦克特的一封信。打开这封信的时候，他激动极了。信上写道："我就是那个叫戴维的孩子，感谢您还为我保存着儿时的梦想。不过，我已经不需要那个练习簿了。因为这么多年来，这个梦想一直在我的心里，从来没有离开过。如今，它已经实现了。"

戴维的这封信后来发表在《太阳报》上。他作为英国第一位盲人大臣，用自己的行动证明了一个真理：谁能把3岁时当大臣的愿望保持50年，他就一定有梦想成真的那一天。

再让我们一起来看看美国前总统林肯是怎样达成自己的目标的。

1809年，亚伯拉罕·林肯出生在美国肯塔基州的一个贫苦家庭。

1818年（9岁），母亲去世。

1831年（22岁），经商失败。

1832年（23岁），竞选州议员落选，同年失业。打算就读法学院，但未获取入校资格。

1833年（24岁），向朋友借钱经商，同年年底，破产。

1834年（25岁），再次竞选州议员，取得成功。

1835年（26岁），订婚，紧接着未婚妻去世。

1836年（27岁），精神完全崩溃，卧病在床6个月。

1838年（29岁），争取成为州议员的发言人，没有成功。

1840年（31岁），争取成为候选人，落选了。

1843年（34岁），参加国会大选，又落选了。

1846年（37岁），再次参加国会大选，这次他当选了。

1848年（39岁），寻求国会议员连任，失败。

1849年（40岁），想在州内担任土地局长一职，遭到拒绝。

1854年（45岁），竞选美国参议员，落选。

1856年（47岁），在共和党内争取副总统的提名，得票数不足100。

1860年（51岁），当选美国总统。

这就是亚伯拉罕·林肯入主白宫的艰辛历程，再让我们来一起数数林肯一生竞选失败过几次吧。从23岁开始，从议员到总统，他经历了8次失败。但他始终没有放弃自己从政的人生理想，并且最终成功当选总统。

男孩，目标不是装饰你人生的光环，也不是决定你未来成败的筹码。

戴维的内阁大臣梦也好，林肯的总统梦也好，他们都是通过多年的努力实现的。就像雄鹰要想飞上高空，就要从最陡峭的悬崖上练习飞翔一样，男孩的目标越高，将来要承受的困难也就越大。而男孩战胜困难的那一天，也就是目标达成、成功来临的那一天。

你不可不知的道理

美国国父华盛顿说："一切的和谐与平衡、健康与健美、成功与幸福，都是由乐观与希望的向上心理产生与造成的。"梦想是一种力量，它会推动男孩不断超越自我，向理想的殿堂迈进。梦想的实现要求男孩必须具有高瞻远瞩的目光，因为一旦被眼前利益绊住双脚，人生就注定会落入平庸。

延伸阅读

1947年，戴维·布伦克特出生于英格兰的谢菲尔德市，因患有先天性视神经发育失常，他的双眼只有微弱的光感。4岁时，布伦克特离开父母，到谢菲尔德远郊的一所盲童学校学习。12岁时，他年近七旬的父亲在工作时不小心掉进一个盛满沸水的大桶里，可怜的老人在极度痛苦中死去。惨痛的经历磨砺出布伦克特过人的毅力。他不仅学会了盲文，还和正常的孩子坐在一起接受正规教育，还跟其他年轻人一样参与各种社交活动。布伦克特酷爱音乐和诗歌，闲暇时还喜欢航海。16岁时，他加入工党。1987年，被选为下议院议员，成为继亨利·佛歇特和伊安·弗拉瑟之后的第三位盲人议员，也是首位带导盲犬进入议会的议员。1997年，戴维·布伦克特被任命为教育大臣，成为英国历史上首位盲人大臣。2001年，他被任命为内政大臣。

男孩，把精力集中在100米的距离内

有一个男孩叹气说："成功真难，别说考个好成绩，就是记住一个单词，学会计算一道数学题，都要累死人！"和他一样，很多男孩每天都在为学习犯愁，考试及格都难，100分就更不敢想了。这可怎么办呢？这确实很让人头疼。也许，是不够聪明；也许，是给自己定的目标实在太难了。无论何种原因，男孩都不要着急，也不要失望。即使不能马上考100分，至少可以让自己先从考60分、70分、80分做起。只要你没有忘记自己的目标，每天都为之努力，每天都有微小的进步，积少成多，就总有达成目标的一天。

一个叫汉姆的人在1983年徒手攀登上了位于美国纽约的摩天大楼——帝国大厦。"恐高症康复联席会"主席诺曼斯看到报道后，打算聘请汉姆做联席会的心理顾问。在美国，很多人患有恐高症，有的人甚至连站在椅子上换灯泡都害怕。不过，令诺曼斯主席颇感意外的是，"蜘蛛人"汉姆打来电话说，他本人就是个恐高症患者，一个曾经站在二楼阳台上都会心跳加快的人。

诺曼斯实在想不通，身为恐高症患者的汉姆是如何克服恐惧，徒

手攀上400米左右高的大楼的呢？为了搞清楚原因，他决定去当面请教汉姆。

诺曼斯来到汉姆家里，发现那里正在举行一个庆祝会。庆祝会的主角不是汉姆，而是汉姆97岁的祖母。她听说了汉姆的事迹后，走了100千米的路前来祝贺。《纽约时报》的一位记者问道："当您决定徒步来纽约的时候，是否想过这对您的体力是个巨大的考验呢？""小伙子，"老人笑了笑，说道，"一口气跑100千米确实是一个巨大的考验，不过，如果只走100米是很容易的，只要你走100米，接着再走100米，然后再走100米……100千米就这样走完了。"

站在一旁的诺曼斯主席听到老人的这番话，瞬间明白了汉姆攀登上帝国大厦的秘诀。

男孩，你明白了吗？每次只挑战一个较小的目标，在心理上就不会太有压力，人也不觉得那么累了。就这样，一个个小目标不断积累，97岁的老人不知不觉就到了终点。

当面对一个宏大的目标时，人们心中最初产生的往往不是强大的动力，而是巨大的恐惧和压力。就像面对一座大山时，你产生的不是登上山峰的豪情，而是"巉岩不可攀"的畏缩不前。但假如我们学会把这座大山分成若干个小目标，一棵树接着一棵树，一块石头又一块石头，逐个实现这些小目标，就显得轻松多了。一个个小目标的完成会令人产生强烈的成就感，激励我们朝下一个目标前进，这是实现理想的秘诀之一。

新东方教育集团创始人俞敏洪的父亲是个木工，常帮别人建房子。俞敏洪还小的时候，家里穷得连吃饭都成问题，没有钱去买砖，父亲没有能力为自己的妻儿建起一座漂亮的大房子，但父亲从来没有忘记为家人建房这个梦想。每次干完活儿回来，父亲都会捡回一堆别人不要的碎砖瓦。碎砖瓦越积越多，堆得像小山一样。俞敏洪不明白，别人扔掉的烂砖瓦父亲捡回来有什么用。有一天，父亲在院子里忙活开了，他细心地用水泥将那些碎砖块拼粘在一起。俞敏洪眼看着父亲从捣弄一块砖开始，到砌成一堵墙，再建造成一座平地而起的房子，他感悟出了一个人生道理。

这些被人扔掉的废砖块，之所以在父亲手里能成为一座漂亮的小房子，完全是因为父亲每天都在为这个目标不断地努力。父亲只是一个普通的建筑工人，他没有钱，也不懂得什么大道理，但是他懂得一座房子是由千万块砖头组成的，只要自己不断地收集，那么房子就有建成的一天。如果自己也能像父亲这样，每天都为自己的目标尽一点儿力，就总有实现目标的一天。也许，在10年后，也许，在20年后。

后来，俞敏洪在做事的时候，一般都会问自己两个问题：

第一个问题是，做这件事情的目标是什么。盲目做事就像捡了一堆砖头而不知道干什么一样，白白浪费了力气。

第二个问题是，需要多少努力才能够把这件事情做成，也就是说需要捡多少砖头才能把房子造好。之后就要有足够的耐心，因为砖头不是一天两天就能捡够的。

俞敏洪的事例告诉我们：首先你要有自己的大目标，然后要计算一下完成这个目标的难度和时间。比如，很多男孩都希望自己将来能读名牌大学，最好是像哈佛那样的名校，那么，自己就要先弄明白，上哈佛需要什么条件，对成绩有什么要求，对个人素质有什么要求，自己目前离这些要求还有多少差距，哪些方面需要着重训练，需要用几年完善自己的能力。弄明白了这些，你就要根据这些条件，给自己分阶段制定小目标。

男孩要明白的是，你的目标有可能在10年后、20年后，甚至30年后实现。因为目标的难度较大，需要长年累月的努力去完成，很多人在中途便坚持不下去了，有些人甚至在即将到达目的地时放弃了。所以，男孩们要记住，在完成目标时，除了需要智慧，还需要毅力和恒心。

你不可不知的道理

在制定小目标之后，你可能经常感觉自己的时间还很充裕，今天拖到明天，明天拖到后天，拖了一段时间之后，人也就松懈了，最后计划不了了之。要知道，大多数人的目标都失败于拖延，所以，你的目标可以在实践中调整完善，但绝不可以拖延懒怠，迟迟不展开行动。

延伸阅读

纽约帝国大厦始建于1930年3月，是当时使用材料最轻的建筑，曾为世界第一高楼和纽约市的标志性建筑。据估算，建造帝国大厦的材料重约33万吨。大厦总共有6500个窗户、73部电梯，从底层步行至顶层须经过1860级台阶，总建筑面积为204385平方米。1955年，美国土木工程师学会将帝国大厦评为现代世界七大工程奇迹之一。1986年，该建筑被认定为美国国家历史地标。

拒绝平庸，从相信自己开始

在做任何事情以前，男孩如果能够充分相信自己，就等于已经成功了一半。

1968年，哈佛大学的罗森塔尔博士做了一个关于自信的实验。他随机找了一所学校，从一至六年级各挑选了3个班，对这18个班的学生进行"未来发展趋势测验"。之后还将一份"最有发展前途者"名单交给了老师。教授告诉老师们，这些孩子是最有发展前途的，但是为了实验的准确性，不能让这些学生知道他们是被特意挑选出来的。

其实，罗森塔尔教授撒了一个谎——名单上的学生是随机挑选出来的。

8个月后，罗森塔尔教授对这些学生进行测试，结果发现，凡是上了名单的学生，成绩都有了很大进步。这些学生自信心强，求知欲旺盛，更乐于和别人合作。这时候，老师们才知道，这些孩子是随机挑选出来的，和其他孩子原来并没有什么不同。

罗森塔尔教授的这个实验证明了自信对人的影响有多么重要。老师们相信自己的学生是优秀的，于是，他们对这些学生倾注了更多的心血，给予了更多的鼓励，学生们接收到这些积极正面的暗示，也增强了自己的信心。

也许，在生活中有一些男孩"运气很差"，他们正遭受着来自身边人的怀疑和否定。这时候，就需要男孩靠自身强大的自信心来抵制这些消极影响。

有一个喜欢跳舞的孩子找到一名舞蹈老师，希望老师给自己的舞蹈天赋打一个分数。老师只是看了一眼，就认为这孩子根本没有跳舞的天分。很多年后，这个孩子依然对老师的那句评论耿耿于怀。有一天，他遇到这个老师时说："你当年一句话，让我彻底失败了。"老师说："如果你真的热爱跳舞，怎么会因为我的一句话就彻底放弃了呢？"

别人的鼓励和肯定固然重要，但更重要的是自己的内心一定要强大。因为，别人并没有赋予你信心的义务，无论他们怎么评价你，你都要记住，自己是否优秀、能否成功，永远取决于自己的信心和坚持。全天下的人都可以不相信你，但你必须相信自己。

1949 年，一位年仅24岁的年轻人走进美国通用汽车公司的大门。他来应聘会计工作，并以自己独特的热情和自信赢得了这份工作。当时他一进门就对考官说："我想成为通用汽车公司的董事长。"

这个年轻人的同事阿特·韦华金后来回忆道："在我们开始合作的一个月中，他一本正经地告诉我，他将来一定会成为公司的董事长。我当时觉得他真是在说笑话，没想到他真的成功了。"这位年轻人就是1981 年出任通用汽车公司董事长的罗杰·史密斯。

面对自己的目标，有自信和没有自信往往会带来两种截然不同的结果。罗杰·史密斯凭借自己的果敢和信心，迈出了成功的第一步。许多名人的成功同样也都是源于最初的自信。拥有强烈自信心的男孩，在各种考验、挫折和失败面前都不会退缩，他们会一路披荆斩棘地跨过困难重重的高山和草地，一往无前地向着自己的目标挺进，最终迈向人生的康庄大道。

美国美孚石油公司前董事长贝里奇有一次到开普敦视察工作时，看见一个黑人男孩正跪在地板上进行清洁。奇怪的是，他每擦完一块地板，就要对着前方虔诚地叩一下头。贝里奇很好奇，便走过去问他这样做有什么特别的意义，黑人男孩回答说，他在感谢圣人。

贝里奇又问："那你感谢的圣人是谁呢？"

黑人男孩说，他之所以能找到这份工作，一定是圣人帮助他的缘故，是圣人让他终于有了饭碗。

贝里奇笑了，他告诉黑人男孩说："我也曾经遇到过一位圣人，他让我做了美孚石油公司的董事长，如果你愿意，我可以引见你认识他。"

黑人男孩说："我是个孤儿，从小由教会抚养，我很想报答教会的养育之恩，如果这位圣人能让我在养活自己之余，还有余钱来回报教会，我会非常愿意去拜访他。只是我担心我去拜访这位圣人，我的饭碗可能就保不住了。"

贝里奇说："南非有一座很有名的山，叫作大温特胡克山，我所说的圣人就住在那里。他能为人指点迷津，所有经过他点化的人都会有一个大好前程。如果你愿意去，我可以替你向经理说情，准你一个月的假。"

于是，黑人男孩向这座大山进发了，风餐露宿，过草地、穿森林，历尽艰辛，终于登上了白雪皑皑的大温特胡克山。他在山顶徘徊搜寻了一天，然而除了自己，他什么都没看到。

黑人男孩失望地回到了开普敦。

"董事长先生，一路上我处处留意，直到山顶，我发现除了我之外，根本没有什么圣人。"黑人男孩沮丧地说。

贝里奇微微一笑："你说得很对，除了你之外，根本没有什么圣人。"

20年后，当年那个寻找圣人的黑人男孩成为美孚石油公司开普敦分公司的总经理，他的名字叫贾姆讷。2000 年，贾姆讷作为美国美孚石油公司的代表参加了在上海举办的世界经济论坛大会。在一次记者招待会上，记者让他谈谈自己传奇般的成功经历，他只说了这样一句话："当你发现自己的那一天，就是你遇到圣人的时候。"

有的男孩一定也有过这样的想法：如果我认识某某名人就好了，他会帮助我成功；如果我爸爸很有钱就好了，这样我一毕业就可以开豪车。这就像那个黑人男孩一样，他曾经相信自己的一切都是由别人给予的，他就是没有看到自己。"我是我自己最大的财富"，能帮助你成功的圣人就是你自己。男孩，要拒绝平庸，就要从相信自己开始。

· 你不可不知的道理 ·

鲁迅先生曾向年轻人传授写作技巧，其中一条是，一直写下去，不要回头。为什么不能回头呢？回头看看自己的脚印，歪斜了就校正，如果笔直，便一直走下去，有什么不好呢？其实，鲁迅是在向年轻人传授与不自信做斗争的经验。面向前方，坚定地走下去，任它成功或者失败，不计较，只是一味地前进。

延伸阅读

"罗森塔尔效应"也就是我们通常所说的"皮格马利翁效应"，是指热切的期望与赞美能够产生奇迹。期望者通过一种强烈的心理暗示，使被期望者的行为达到他的预期要求。它是由美国著名心理学家罗森塔尔和雅格布森在一次经典的实验后共同提出的。那为什么被称为"皮格马利翁效应"呢？

皮格马利翁是古希腊神话中的塞浦路斯国王。他善于雕刻，用象牙雕刻了一座他理想中的女性形象。久而久之，他竟对自己凭空想象出来的女子产生了爱慕之情，他祈求爱神阿佛洛狄忒赋予雕像以生命。终于，阿佛洛狄忒被他的真诚感动，满足了他的心愿。皮格马利翁遂称女子为伽拉忒亚，并娶她为妻。于是，后人就把由期望而产生了相应效果的现象叫作"皮格马利翁效应"。

告诉自己："我一定能行"

有三个这样的孩子：

一个孩子4岁才会说话，7岁才会写字，老师对他的评语是：反应迟钝，思维不合逻辑，满脑子不切实际的幻想。

一个孩子曾被父亲抱怨是白痴，在众人的眼中，他是毫无前途的学生，艺术学院考了三次还考不进去。他叔叔绝望地说："孺子不可教也！"

一个孩子经常遭到父亲的斥责："你放着正经事不干，整天只管打猎、捉耗子，将来怎么办？"所有教师和长辈都认为他资质平庸，与聪明不沾边。

这三个孩子分别是科学家爱因斯坦、雕塑家罗丹和生物学家达尔文。

男孩一定要相信，每个人都有一座属于自己的宝藏。如果当年的爱因斯坦、罗丹和达尔文这些"笨"孩子一味地相信老师对自己的评语，把自己归到笨蛋、平庸、没出息的队伍中，他们就不会获得成功了。他们始终相信自己就是一座宝藏。他们坚信自己所做的事情是有价值的，并且一定能成功。

一个叫乔治·赫伯特的推销员得到了布鲁金斯学会的金靴子奖，因为他把一把斧头卖给了美国前总统小布什，而他所做的全部事情就是给小布什写了一封信，问他是否需要一把斧头。布鲁金斯学会在表彰乔治的时候这样说：金靴子奖已空置了26年，26年间，布鲁金斯学会培养了数以万计的推销员，造就了数以百计的百万富翁，这只"金靴子"之所以没有授予他们，是因为我们一直想寻找这么一个人——他不因有人说某一目标不能实现而放弃，不因某件事情难以办到而失去自信。

乔治获得金靴子奖的新闻很快为世人所知，一些读到乔治故事的读者登陆了布鲁金斯学会的网站，发现在该学会的网页上登着这么一句格言："不是因为有些事情难以做到，我们才失去自信；而是因为我们失去了自信，有些事情才显得难以做到。"

在很多时候，男孩失败并不是因为自身的能力，而是由于缺乏自信。你要认定这件事是办不成的，那就一定会办不成；你相信自己能成功，那么无论遇到多少困难，你都会去解决它。成功，就是在一次次自信的尝试中获得的。

卡洛斯·桑塔纳出生在墨西哥，17岁时随父母移居美国，由于英语太差，他的功课一团糟。不过，他唱歌不错。有一次，学校要举办年级歌手大赛，任何学生都可以自由报名，但是卡洛斯没有勇气去报名。他怕报名处的老师们奚落他，有一次他都走到了报名处的门口，却没有勇气去敲门。

当报名时间只剩下两天时，他的音乐老师克努森问他："卡洛斯，为什么你不去报名呢？难道你没有看到通知吗？要知道，后天就报名截止了。"

"呃，克努森先生，您知道，我的成绩很糟糕，所以……"

"我知道，我看过你来美国以后的成绩，除了'及格'就是'不及格'，真是太糟了。但是你的音乐成绩却有很多'优'，看得出来，你是个音乐天才。为什么不去报名，让大家看到你最优秀的一面呢？"

老师的话给了卡洛斯极大的信心，他勇敢地走进报名处报了名，比赛中，他美妙的歌声征服了所有的老师和同学，一举获得年级第一名的好成绩。

由于这次夺魁，卡洛斯对自己信心倍增。功课也渐渐跟了上来，他最擅长的音乐则始终保持着"优"。

就像卡洛斯当年一样，男孩们也一定会有一些想做又望而却步的事情吧。你也许会想，"那不过是一个普通的比赛，即使我不参加对自己的影响也不会太大。"卡洛斯也没有想到，一次歌唱比赛会给自己带来如此的改变。改变的不是卡洛斯的职业，也不是他原本不够完美的自己，而是他的自信心。

男孩在做事之前，如果感到恐惧，就握一下拳头，告诉自己："我能行，我一定行。"不停地说下去，直到这个声音进入你的大脑，住进你的心里。久而久之，每当感到压力时，你就会习惯性地握紧拳头自我激励："我能行！"

当然，光说"我能行"是不够的，男孩在告诉自己"我能行"之后，下一步就是寻找解决问题的方法。你会发现，许多自己看似做不到的事情，只要多用用脑子，其实并不难做到。

有的男孩会说，我已经失败了，难道还要告诉自己"我能行"吗？是的，失败了也要再次尝试，哪怕下一次还是失败。"再试一次"是区分"我能行"和"我不能"的标志。对奉行"我能行"的男孩来说，"我能行"并非意味着每做一件事你都能成功，"我能行"意味着"我绝不放弃"！

男孩，多给自己加油，要知道，除了你自己，没有谁能够打败你。

· 你不可不知的道理 ·

男孩要记住，只要你想做就去做，不管暂时能否成功，只要你愿意去尝试，就总有梦想成真的一天。面对失败，男孩要抬起头，对自己说："我不是失败了，而是还没有成功。我相信，我能行！"

延伸阅读

卡洛斯·桑塔纳，1947年生，一个墨西哥流浪艺人的儿子，一个"有着一副三流的嗓子，一流的吉他技术"的拉丁摇滚乐团的创立者。他是乐坛公认的当代伟大的摇滚吉他英雄。2000年，52岁的卡洛斯·桑塔纳成为第42届格莱美颁奖舞台上最大的赢家，他独揽了含金量最高的格莱美年度专辑奖与年度歌曲奖。至此，他共获得了10项格莱美音乐大奖，是首位步入"拉丁音乐名人堂"的摇滚音乐家。

你愿意卖糖水还是改变世界

说起史蒂夫·乔布斯，大概没有几个男孩不知道他的大名。他是苹果公司的创始人。乔布斯有一句世界名言："你是想一辈子卖糖水，还是改变整个世界？"

那是一个星期天的午后，乔布斯来到百事可乐总裁约翰·斯卡利的家。"史蒂夫，你为什么要我去做苹果公司的CEO呢？你可以去找IBM（国际商业机器公司）或HP（惠普公司）的人，他们比我更有经验，我对计算机一窍不通。"斯卡利不解地问。

"我们所做的是别人从未做过的事，我要建立的是完全不同的公司。我的梦想是让世界上每个人都拥有自己的Mac（苹果电脑）。我相信，我们是最好的伙伴，我希望我们能一起完成这个梦想。"乔布斯回答。

　　"史蒂夫，虽然我很想帮助你，但是我觉得我从一个卖饮料的改行去卖电脑，这实在不靠谱，你还是另请高明吧。"斯卡利拒绝道。

　　乔布斯只是淡淡地说："我希望你再考虑一下。"

　　一天，斯卡利来到硅谷，打算和乔布斯当面谈一次。在苹果总部，他看到了乔布斯曾对他描述过的苹果电脑，见到了一群以改变世界为己任的苹果工程师。这里所有的一切是那样的新奇，斯卡利感觉自己像到了一个未来世界。回到纽约后，斯卡利仍左右为难：难道要放弃自己在百事可乐的地位和巨额收入，改行去做一个自己完全不了解的陌生领域？这样太冒险了！

　　但乔布斯却认准了斯卡利就是苹果公司CEO的不二人选，他再次飞到纽约，和斯卡利面谈。

　　他们共进晚餐之后来到中央公园散步。在这里，斯卡利说出了自己的心声："史蒂夫，你们真的是在改变世界，这太神奇了。但是我不能去苹果工作，这对我来说挑战太大了。"

　　乔布斯低下头看着地面，咬着嘴唇一言不发。这片刻的宁静让斯卡利感到浑身不自在。突然，乔布斯抬起头，用犀利的眼神看着斯卡利，说出了一句让斯卡利终生难忘的话："你是想一辈子卖糖水，还是想改变世界？"

　　这句话像钟磬一样敲在斯卡利心头铮铮作响。面对乔布斯的诚意，在一次可能改变世界的机会面前，他明白自己无论如何也不能说"不"。

　　读完这个故事，男孩，你有什么感想？这个世界有太多的事情等着我们去做，每件事给我们带来的结果是不一样的。男孩们可能还没有明白，斯卡利明明已经是百事可乐的总裁了，为什么乔布斯却说他只是一个"卖糖水"的。其实，乔布斯的意思是，像饮料公司的总裁这样的职位，很多人都可以去做，而研发计算机这种关系到人类未来的事情，却是一项前所未有的大工程，需要冒更大的风险，但是它为人类所创造的价值也是无法估量的，这是一项改变人类文明进程的伟大工作。乔布斯认为，作为最优秀的营销专家，斯卡利可以发挥出远远比"卖糖水"更大的潜能，为人类创造更大的价值。

如果没有以乔布斯为首的一群勤奋工作的电脑科研人员，如今的IT界就不会有这么多的奇迹发生。男孩在为自己确立目标时，应该问问自己，我要做的事情能为社会带来什么样的价值，我是否还能发挥更大的能量，为他人创造更大的价值。志向远大的人，会尽自己最大的力量造福于人类。

有一个老师给学生们留了一份作业，让孩子们想一个可以改变世界的点子，然后将它付诸行动。多数孩子天马行空的点子并没有坚持多久，可是一个叫特雷弗的小男孩提出了他的爱心方程，并坚持下来，还使其成为一场美国式的运动。这个爱心方程就是，对三个人做善事，作为回报，接受过帮助的人必须再另外帮助三个人，"把爱传下去"。特雷弗相信，通过这样的爱心方程将爱传下去，就会改变整个世界。特雷弗的爱心传递方式很快风靡美国，形成了一场运动，美国各地成立了近千家名为"把爱传下去"的慈善基金会。

高尔基曾说："一个人追求的目标越高，他的能力就发展得越快，对社会就越有益。"男孩如果想改变世界，这并非不可能，就像特雷弗的爱心方程和乔布斯的个人计算机一样，只要从服务于社会、有益于他人的角度出发，树立远大的志向，也许下一个改变世界的人就是你。

· 你不可不知的道理 ·

是否能成为墓地里最富有的人，对我而言无足轻重。重要的是，当我晚上睡觉时，我可以说：我们今天完成了一些美妙的事。

你如果出色地完成了某件事，那你应该再做一些其他的精彩的事。不要在前一件事上停留太久，想想接下来该做什么。

——乔布斯

延伸阅读

史蒂夫·乔布斯，1955年出生于美国旧金山，2011年因病在加利福尼亚州的寓所去世。1976年，他设计了世界上最早的商业化个人电脑，是苹果公司的创办人之一，近年来多次被评为全美最佳CEO。有人这样评价："苹果就是乔布斯，乔布斯就是苹果"。在他的努力下，苹果公司业绩一路飙升，最终超越微软成为世界第一大科技公司。

2 Chapter 男孩，年轻时的苦难，花钱也要买！

父母常用鹿儿岛方言教导孩童时代的稻盛和夫："年轻时的苦难，花钱也该买。"男孩，我们在年轻时经历的一切逆境都应该值得庆幸，甚至花钱也应该去买的，因为逆境正是让我们更加强大的基石。你见过悬崖边上的松树吗？这些松树还是幼苗的时候，由于缺少水分和养料，生长得很缓慢。为了吸收更多的养分，它们把根伸向更深的岩石中，日复一日，年复一年。当它们长成参天大树的时候，它们的根已经牢牢地嵌进百尺深的岩石缝隙中，已经没有什么能够撼动它了。正是逆境才把它们塑造得如此刚劲。男子汉就应该像青松一样，在逆境中成长，刚强不屈，顶天立地。

越是在逆境中，越有可能创造奇迹

男孩要成为真正的男子汉，就要把挫折当成一种磨炼。

在阳光下嬉戏，在鸟语花香中玩耍，感受成功的喜悦，每个男孩都期盼童年无忧无虑的生活与自己永远相伴。但我们既要享受顺利时的快乐，也要学着面对生活中的痛苦。当我们遇到挫折的时候，抱头痛哭、怨天尤人并不能解决问题，问题依然在，挫折依然在。那么就选择站起来吧！跨过去，超越它，不断地从挫折中总结经验教训，创造新的可能。

律师杰林曼年轻时因为打输了一场官司，使委托人受不了打击而自杀了，他感到非常内疚。虽然作为律师不可能打赢所有的官司，有一方赢就必有一方输，但事情发生在自己身上时，他还是觉得很难过。他从事律师这个职业的初衷就是想帮助那些在商业行为中受到挫折、遭遇不幸的人，所以遇到诉讼失败这样的事情时，他不知道该怎样排解自己的烦闷。

有一天，杰林曼到英国国家船舶博物馆参观。在参观那些年代久远的轮船时，他突然被一艘破破烂烂的轮船吸引住了。这艘轮船原属于荷兰福勒船舶公司，于1894年下水首航。在大西洋上航行期间，它曾遭遇138次冰山，116 次触礁，13次起火，207次被暴风扭断桅杆。它经受住了无数次的风浪和撞击，却依旧执着地在海上航行。当这艘轮船停止服役时，英国劳埃德保险公司被它的传奇经历所吸引，将它从荷兰买了回来。

杰林曼被这艘变了形、伤痕累累的轮船打动了。一个念头从脑海中闪过：为什么不让那些商场上的失意者也知道这艘轮船的经历呢？于是，他把这艘轮船用相机拍了下来，将照片挂在律师事务所的墙上。每当有委托人来到这里咨询、寻求他的帮助时，他就让他们看看这艘轮船的样子，让他们读一读有关这艘轮船的事故记录，以唤起他们对抗失败的意志和信心。

后来，据英国《泰晤士报》报道，截至1987年，已有1000多万人参观过这艘船了。

美国著名影星史泰龙的童年很不幸。他的家庭是一个暴力家庭，他的父亲赌钱输了就拿他和母亲撒气，他的母亲喝醉了又拿他来发泄，所以他常常被打得鼻青脸肿，皮开肉绽。史泰龙上完高中就辍学了，并在街头当起了混混。20岁那年，突然有一天他从茫然中醒来："我再也不能这样活下去了，否则就会跟父母一样。无论如何，我一定要成功！"史泰龙想象着自己能干什么：从政，完全没有这种可能性；进企业，没有哪家公司会聘用一个没有学历且没有经验的人；经商，又身无分文……简直没有一个适合自己的工作，于是他想到了当演员，这份工作不要资本、不需名声，虽说当演员也要条件和天赋，但毕竟是一条可以尝试的道路。

于是，史泰龙来到好莱坞，找明星、求导演、寻制片，寻找一切可能使他成为演员的人。他四处哀求："给我一次机会吧，我一定能够成功！"可他等来的只是一次次的拒绝。"世上没有做不成的事！我一定要成功！"史泰龙依旧痴心不改，一晃两年过去了，他遭到了1000多次拒绝，身上的钱花光了，便在好莱坞打工，做一些粗重的零活儿以养活自己。身处绝境的他真不知道自己还能做什么。

"我真的不是当演员的料吗？难道'酒赌世家'的男孩只能是酒鬼、赌鬼吗？"身处绝境的史泰龙依然没有放弃自己的梦想。他暗自垂泪，失声痛哭，"既然直接当不了演员，我能否改变一下方式呢？"史泰龙开始重新规划自己的人生道路，开始写起剧本来。两年多的耳濡目染，两年多的求职失败经历，让史泰龙变得成熟了。一年后，剧本写出来了，他又拿着剧本四处拜访导演，"剧本不错，但让你来演男主角，简直是天大的玩笑！"他又遭到了拒绝。"也许下一次就行！我一定能够成功！"一次次失望来袭，一个个希望又支持着他。

"我不知道你能否演好，但你百折不挠的精神感动着我。我可以给你一次机会，但我要把你的剧本改成电视连续剧，同时，先只拍一集，就让你当男主角，看看效果再说。如果效果不好，你便从此断绝这个念头吧！"一个曾拒绝过他20多次的导演终于给了他一线希望。

三年多的准备，终于可以一展身手了，史泰龙丝毫不敢懈怠，全身心地投入。第一集电视剧就创下了当时全美最高收视纪录——史泰龙终于成功了！

喜欢看武侠小说的男孩会发现，小说里男主角并不是一开始就威力无穷的，他们从无名小卒开始一直到成为武林高手，经历何止八十一难。而且，他们往往都是在生死关头打败了对手。他们在挨了致命一击之后，最先做出的举动是什么？对，是站起来！男孩可能说，那只是小说，现实中的事哪会这么简单。的确，从失败走向成功绝非一朝一夕的事，更不是在头脑中想象出来的画面。但人生就是这样，必须靠我们自己在实践中拼搏才能不断成长，没有人能代替我们。要想成为武林高手，就要到江湖中去寻找、战胜对手。男孩要成功，就要把自己放到残酷的世界中去磨炼，去打拼。

· 你不可不知的道理 ·

男孩的一生中不可能只有成功的喜悦而没有遭受挫折的痛苦，因为如果生命中没有逆境，就无法使才能与智慧获得增长。男孩如果能在失望与绝望中看到希望，那么他就已经获得了成功的一半。

延伸阅读

西尔维斯特·恩奇奥·史泰龙，1946年出生于美国纽约，画家、演员、编剧、导演及制片人。

1970年进入演艺圈。1976年自编自演首部"洛奇"系列电影。1977年凭借电影《洛奇》获得第49届奥斯卡和第34届美国金球奖最佳男主角和最佳编剧奖提名。1982年自编自演"第一滴血"系列第一部，凭"洛奇"和"第一滴血"两个动作电影系列成为20世纪80年代好莱坞动作明星的代表。

此外，史泰龙还是一名抽象派画家，曾在俄罗斯博物馆、巴塞尔艺术博览会等多个艺术展览会举办个人画展，作品包括《朋友之死》《寻找洛奇》和《大力神钟点》等画作。

告诉自己："我可以输，但绝不放弃"

有这样一幅被人遗忘的画面。在1968年的奥运会马拉松跑道上，最后一名选手正吃力地跑向终点。此时，获胜者早已领取了奖杯，观众已经散去，他们认为这是一场已经全部结束的比赛。只有一个人在远处静静地注视着这名还在努力跑向终点的选手。他是享誉世界的纪录片制作人格林斯潘，这名选手是坦桑尼亚的艾克瓦里。艾克瓦里的双腿沾满鲜血，绑着绷带，他努力地绕完体育场一圈，跑到终点。格林斯潘问他："你已经失去了名次，为什么还要坚持跑到终点？"

艾克瓦里回答说："我的国家不远万里送我来这里，不是叫我在这场比赛中弃跑的，而是派我来完成这场比赛的，我绝不能放弃。"

男孩，艾克瓦里有资格成为一名优秀的运动员吗？当然有资格。现在你应该明白这样一个道理：优秀者不仅仅是夺得冠军的人，也包括那些坚持跑到终点的人。

一个小男孩在和爸爸一起看自行车比赛。最后一名选手马上就要越过终点线了。"爸爸，他是最后一名！我想，他一会儿一定会大哭一场的。"

男孩，你认为呢，他会哭还是会笑？其实，他不会哭，他会在跳下自行车之后为自己坚持到终点而欢呼。没错，他是最后一名，但对他而言，为了取得这场自行车赛的参赛资格，他可能努力了很久，现在，他终于可以在梦想的跑道上追风而行。他不在乎自己被所有人超越，他唯一在乎的是，他能否坚持到达终点。也许，他没能赢得比赛，但可以肯定的是，他赢了自己——"我可以输，但我绝不放弃。"如果他连自己都赢不了，那他就彻底输了。也许，下一年他的成绩会有所进步。比如，进入前10名或者前3名，这并不重要，重要的是，他又为实现自己的梦想进行下一步的努力了。

别人眼里的失败，对当事人来说并不一定是失败，反而可能是一个很大的成功。一个幼儿迈出的第一步是笨拙的、跟跄的，然而对他来说，那第一步是怎样地惊喜，怎样地鼓舞人心！一个男孩用了一个暑假终于学会了游泳，虽然他在同伴中是游得最差的，然而对他来说，学会游泳本身就是一个巨大的成功。他相信，在不久的将来，他会成为同伴中游得最好的那一个。

男孩，你也许不是最优秀的一个，甚至在别人眼里，你总是一个失败者，但只要不断地努力，你就会成长，就会进步，而且会一直进步下去。即使永远不能成为冠军，但只要一直这样成长下去，你也会变得越来越优秀。

英国前首相丘吉尔一生中最精彩的演讲，也是他最后一次演讲，是在剑桥大学的一次毕业典礼上。当时，整个会堂有上万名学生静静地等候丘吉尔的出现。经过漫长的等待，丘吉尔在助手的陪同下走进了会场。他慢慢地走向讲台，不慌不忙地脱下他的大衣交给助手，然后又摘下帽子交给助手，接着他默默地注视台下的听众，一分钟后，他缓慢而有力地说了一句话："Never give up！"（永不放弃）说完，他从助手手中取过大衣，穿上，又从助手手中拿过帽子戴上，然后，迈开大步走出会场。

整个会场鸦雀无声，一分钟后，掌声雷动。

丘吉尔告诉我们：成功没有诀窍，要说有诀窍，那就是——永不放弃。

成功者与失败者在能力上并没有什么大的区别，区别只在于成功者比失败者多走了一步，失败者走了九十九步，而成功者却走了一百步。或者说，成功者站起来的次数比失败者多一次。失败者往往遇到一点儿挫折就对自己的能力和目标产生怀疑，甚至在已经付出很大精力的情况下放弃了最后的努力，使前面的努力也白白浪费了。永不言败者才可能成为最后的赢家，因此不到最后关头，男孩绝不要轻言放弃，请大声对自己说：成功者不放弃，放弃者不成功！

　　但是，有很多男孩面对一点儿小小的挫折就可以令他放弃所有的努力。一篇作文没有写好，就放弃了自己的作家梦；一次数学考试不及格，就认为自己缺乏数学潜能。为什么会这样呢？因为这些男孩一开始就把成功想得太容易。如果我们只肯要轻易得来的成功，那么，这世上就不会有"成功"二字。

　　在美国，有一位非常优秀的大学篮球教练。一所大学的校队总是在比赛中打败仗，后来，学校的董事会决定聘请这位全世界最顶尖的大学篮球教练来带队。

　　一些球员对这位教练说："教练，我们在你来之前已经连续输了10场比赛了。"

　　教练说："不是失败，只是暂时没有成功。失败10次算什么，也许，下一场我们就会赢！"

　　结果，第11场比赛，到了中场时间，球队落后了30分。看来，这场球是输定了。每一个球员都垂头丧气。

　　"年轻人，你们要放弃吗？"教练问大家。

　　"不放弃，难道我们还有机会把分数扳回来吗？"一名球员说。

　　"请你们告诉我，假如今天，篮球之神迈克尔·乔丹遇到同样的状况，输了10场比赛，第11场落后30分，他会不会放弃？"

　　所有球员异口同声回答："他不会放弃。"

　　"假如今天拳王阿里被打得鼻青脸肿，但在钟声还没有响起来、比赛还没有结束之前，他会不会选择放弃？"

　　球员又回答说："不会。"

　　"假如大发明家爱迪生来打篮球，遇到这种状况，他会不会放弃？"

球员回答说："不会。"

教练又问了第四个问题："米勒会不会放弃？"

队员们疑惑地看着教练问："教练，米勒是谁？我们怎么从来没听说过？"

"这个问题问得非常好，"教练带着一丝诡异的微笑说，"因为米勒以前在比赛的时候选择了放弃，所以你们从来没有听过他的名字。"

所以说，坚持不一定成功，但是放弃你一定会失败！

轮椅作家史铁生十分仰慕美国著名运动员卡尔·刘易斯。刘易斯对史铁生说："其实，跑的过程才是最大的享受，那比破世界纪录更重要。"男孩，你可能再努力也成不了世界冠军，但这并不妨碍你享受奔跑的过程。别人可以阻碍你的成功，却没人能阻止你的成长。男孩，你不能保证自己一定能赢，不能保证取得第一名，但你一定能保证今天的你比昨天的你更进步、更强大、更优秀。只要你永远都不放弃，每天都有所进步，就一定会有成功的一天。

· 你不可不知的道理 ·

永不放弃！永不放弃有两个原则：第一个原则是，永不放弃；第二原则是，当你想放弃时回头看第一个原则——永不放弃！我可以接受失败，但我不能接受放弃！

——迈克尔·乔丹

延伸阅读

　　史铁生，中国著名作家。1951年出生于北京，1967年毕业于清华大学附属中学，1969年去延安一带插队。因双腿瘫痪于1972年回到北京，后来又患肾病并发展成尿毒症，需要靠治疗来维持生命。自称"职业是生病，业余在写作"。史铁生创作的散文《我与地坛》鼓励了无数人。2002年获华语文学传媒大奖年度杰出成就奖。2010年因病逝世。

负重，才不会跌倒

　　人的一生要面对各种各样的挫折和压力。男孩可以找机会参观爸爸妈妈工作的地方，感受一下他们养家糊口的艰辛；也可以观察一下不同的人面对压力时的不同表现。有的人面对压力喜欢逃避，喜欢走捷径，喜欢找靠山；有的人面对压力喜欢怨天尤人；还有的人因压力太大而精神崩溃。然而，有的人面对压力却从不抱怨，他们会更加勤奋努力，充满干劲。男孩一定看不起那些逃避压力的人。逃避是懦弱的表现，这样的人注定是没有出息的。

　　一艘货轮卸货后返航，夜晚，海上突然狂风大作，暴雨如注。轮船像一片树叶一样在海浪中颠簸着。巨浪把货轮一会儿抛到浪尖上，一会儿又甩到浪谷下，时刻都有船翻人亡的危险。水手们惊慌失措，乱作一团。

　　"打开所有的货仓，往里面注水！"经验丰富的老船长指挥若定。

"往里面注水？"水手们无比担忧地说，"暴风雨这么猛烈，浪又那么高，货仓里灌满了水，沉重的货轮万一在大海中沉没了怎么办？"

"听我的！快！"老船长斩钉截铁地说道。水手们七手八脚地打开了货仓。随着货仓里的水越来越满，货轮平稳了，水手们发出一阵欢呼。

事后，老船长指着船上的水桶告诉年轻的水手："一只空木桶很容易被风浪打翻，如果装满水，就是用力推也不容易倒了。所以，负重的船是最安全的，空船才是最危险的。"这就是有人在逆境中很成功，反而在顺境中却突然一败涂地的原因。因为在顺境中，人就像没有了负重的桶，往往得意忘形，常常会埋下失败的种子。

我们刚到这个世界上时，原本都像是一只空桶，随着一天天长大，这只桶会越来越重。人的责任、义务、压力、挫折、知识、阅历等，都统统往这只桶里装。有的男孩说，我可以把这只桶扔掉吗？——这只桶是你生下来就带来的，扔不掉。那我只做一只空桶可以吗？——可是，做一只空桶注定要被风吹倒，满地翻滚。只有做一只负重的桶，才能让自己在风吹雨打中站稳脚跟，在风雨中立于不败之地。

一个男孩以优异的成绩考入了美国一所著名大学读书。刚到美国，由于人生地不熟，再加上水土不服，不久他便病倒了。生活费的紧张更是让他感到压力很大。虽然给餐馆打工一小时可以挣几美元，但他嫌累不愿干。几个月下来他所带的费用所剩无几，学校放假时他准备退学回家。

回来后，一下飞机，他就见到了在机场迎接自己的父亲，男孩高兴地向父亲跑过去。父亲笑着张开双臂，准备拥抱儿子。就在男孩要搂到父亲脖子的那一刻，父亲突然向后退去，男孩毫无防备，扑了个空，一下子就摔倒在地。父亲急忙上前扶起男孩，看着眼中满是不解的儿子，语重心长地说："儿子，这个世界上没有谁可以做你永远的靠山，爸爸也有老的一天，生活这座大山以后要靠你自己来背负！"说着，父亲递给男孩一张返程机票。男孩没进家门，便又登上了返美的班机。

很快，男孩靠自己的努力获得了奖学金，毕业后，有了属于自己的事业。

这个故事告诉男孩，人生这座山，只有自己来背着它，才能走得稳。把别人当靠山，靠山不在，你就站不稳，甚至会跌得很惨。

生物学家看见一只蚂蚁驮着一根体积比它大100多倍的稻草，在地面上艰难地爬行。然后，他看到这只蚂蚁前进的路上有一条裂缝。这条缝很宽，蚂蚁根本爬不过去。生物学家想，蚂蚁只能拖着稻草原路返回了。没想到，这只小蚂蚁慢慢地把那根笨重的稻草横在裂缝上，然后爬到稻草上轻轻松松跨过了这条"鸿沟"。之后，蚂蚁又慢慢地把那根稻草从裂缝上拖走，继续驮着稻草赶路。

就像蚂蚁驮着的稻草一样，压在男孩身上的理想、困难和压力，不仅不是妨碍你行走的累赘，反而是帮助你跨过"鸿沟"的桥梁。人生的重担锻炼了男孩承载的能力，赋予了男孩人生的意义和乐趣，让男孩人生的步履更加坚定。

男孩不要担心自己被生活压垮，事实上，当我们负重而行的时候，并非是单纯地增加了重量，相反，在负重的同时，自身也在释放强大的能量。

美国麻省理工学院做过一个很有意思的实验。实验人员把一个小南瓜用铁丝一圈一圈地箍住，以观察它逐渐长大时到底能抵抗住多大压力。实验之初，实验人员估计南瓜最多能够承受500磅的压力。

实验的第一个月，南瓜就承受了500磅的压力；实验到第二个月，这个南瓜承受了1500磅的压力；当它承受到2000磅的压力时，研究人员开始对铁丝进行加固，以免南瓜把它们撑开。待研究结束时，整个南瓜已经承受了超过5000磅的压力。

实验人员取下铁丝，费了很大的力气才打开南瓜，不过它已经无法食用了，为了突破重重压迫，南瓜里面已被一层层坚韧牢固的纤维充满。而且，研究人员还发现，因为南瓜不得不吸收更多的养分以突破铁圈的束缚，导致它的根系总长超过了8万英尺，几乎穿透了整个花园的每一寸土壤。

难以想象，一个南瓜竟能承受如此大的压力！同样，男孩在顺境中也无法想象自己到底能经受多大的压力，生命的潜能可能永远大于我们对它的估计！为了让自己更强大，男孩需要不断地给自己加压。

你不可不知的道理

贝弗里奇说："人们最出色的工作往往是在处于逆境的情况下做出的。思想上的压力，甚至肉体上的痛苦都可能成为精神上的兴奋剂。" 男孩生来就背负着对社会、家庭和自己的使命，正因为如此，男孩的人生才有了存在的意义，才能让男孩一天天变强大。

延伸阅读

英国的科学家也曾对一株南瓜苗进行了一项增压的实验。实验人员选定一株南瓜苗，在每一个小南瓜上面都放置了砝码。一开始，刚结出的小南瓜们承受的是同等重量的砝码，随着它们逐渐长大，科学家对其他南瓜停止加压，只留下其中一个小南瓜，随着它的成长不断加压。到成熟期时，它的身上已经背负了几百千克的重量。这时，实验人员将这些南瓜一起用刀切开，那些被停止加压的南瓜刀起瓜裂，只有这个重负下长成的南瓜却刀枪不入，用斧头砍也砍不开。最后科学家找来电锯才把它锯开。这个南瓜的瓜肉质地已经像一株老树的树干一样坚硬了。南瓜实验告诉人们：压力有多大，生命的张力就有多大。

只有站在最高的悬崖上才能学会飞翔

雄鹰在蓝天中翱翔，那是因为它有一双巨大的翅膀。为了练就这一双强劲的翅膀，雄鹰在幼时要被妈妈带到高高的悬崖上。小鹰如果不能在掉落悬崖之前飞起来就必死无疑，只有这样的险境，才能让小鹰学会死里求生，学会飞翔。如果错过了这段最佳的学习期，小鹰就再也无法飞起来，最终难逃饿死的命运。

有个男孩在悬崖边的鹰巢里发现了一只老鹰蛋，他将这颗蛋带回家，放在母鸡的窝里。不久，鹰蛋孵出了一只小鹰。小鹰和其他小鸡们一起，在鸡妈妈的带领下，每天都在院子里寻找谷粒，偶尔到草地上捉虫子吃。

虽然小鹰长得和其他小鸡不太一样，但是，它自己并不知道，它以为自己也是一只小鸡。

有一天，院子上空飞来一只老鹰，母鸡带领小鸡们逃回鸡舍。小鸡们惊恐地说："真危险，老鹰真可怕！"小鹰却羡慕地说："要是我能像鹰一样飞那么高，该有多好。"小鸡们笑起来，嘲笑它说："别做梦了，你是一只鸡，怎么可能像鹰那样飞起来！"

小鹰也偷偷尝试过，可是无论它怎样扑腾翅膀都无济于事。有一次，它从墙头上冲下来，跌得好疼。它心想，一只鸡注定是飞不起来的。

有一天，一个驯兽师来到农庄，发现了鸡群中的小鹰。"它是一只鹰，它不应该待在鸡群里。它应该飞上蓝天！"

"它从小就在鸡群里长大，早就忘记自己是一只鹰了。你看，它根本就不会飞！"鸡妈妈说。

"也许，它还没有忘记自己是一只鹰呢！因为它有一双和鹰一样的翅膀！"驯兽师回答。

驯兽师将小鹰带到屋顶上，将它从屋顶掷下，小鹰只是拍了拍翅膀就落到了鸡群中。看来屋顶的高度不够。驯兽师带着小鹰爬到一棵高高的大树上，在树冠上将小鹰远远地扔出去，小鹰展开翅膀奋力向上飞，但是它觉得很恐惧，没飞出多远就落到了地上。

最后一次，驯兽师把小鹰带上了高高的悬崖，将它从悬崖上抛了下去。小鹰惊慌地扑腾着翅膀。为了不被摔死，它只能不停地扇动翅膀，风托举着它的翅膀，它本能地向上，向上……很快，它就调整好平衡，像一只真正的鹰那样飞起来了。最后，它在空中变成了一个黑点。没有人知道小鹰在天空中看到了什么，也没人知道它离开安逸的鸡舍后如何独自生存，人们唯一知道的是它再也没有回到鸡群里。

每个男孩都渴望做一只雄鹰，拥有翱翔天际的能力。只是我们在爸爸妈妈的过度保护中失去了飞翔的能力。男孩，你并不是天生就缺乏飞行的能力，你缺少的只是帮助你起飞的悬崖。

有一个男孩，家庭经济条件优越，生活无忧无虑。从小他就想要什么就有什么，想干什么就干什么。父母、爷爷、奶奶、外公、外婆更是把他当成掌上明珠，不让他吃一点儿苦。他从来没想过为什么大家要这样爱他，他觉得这是理所当然的。因为一个小要求没有得到满足，他就会大吵大叫。他也从来没想到苦难会降临到他头上。他认为自己是上天的宠儿，有一个能够给他提供优越生活的父亲。直到有一天，父亲的工厂因为金融危机而破产，债台高筑。然而，祸不单行，父亲又被检查出来得了尿毒症。家里仅有的银行存款瞬间都变成了父亲的透析费、住院费。男孩先前的优裕生活都不见了。

母亲做惯了家庭主妇，灾难来临，变得茫然无措。有一天，母亲因无法承受这么重的负担，扔下他和爸爸，离家出走了。男孩必须自己承担这一切。以前衣来伸手、饭来张口的他学会了洗衣、做饭，照顾行动不便的父亲和年迈的爷爷奶奶。直到这时，他才真正变得成熟起来，生活的磨炼让他变成了一个真正的男子汉。

男孩，或许在你身边总是充满各种"你不能""你还小"的声音，于是，你慢慢相信，自己还没长大。别说飞翔，就是生活自理都有困难。一点儿小小的寒流，妈妈都会慌忙为你套上厚重的外套；你只是出去买一支笔，妈妈都会牵着你的手，生怕你出门被汽车撞着。男孩，这样的你怎么可能获得成长呢？

男孩们，如果你的爸爸妈妈总是认为你这样不行、那样不行，就请告诉他们："我能行！请给我一段足够长的起跑线，请让我攀上最高的悬崖，让我学习飞翔吧！"

男孩平时就要刻意地训练自己应对困难的能力。比如，在自己能够独立完成一件事时，坚决不要大人帮忙；经常参加一些集体活动，如野外生存训练等。当有问题、有困难需要你解决时，你的第一反应不应该是逃避，而应该迎头赶上，去接受挑战，把自己锻炼得无比强大。

男孩，如果你觉得成为雄鹰太难，不如做一只小鸡整天幸福地在草地上捉虫子，那么你随时要做好成为雄鹰猎物的准备。在自然界，有鹰，自然就有被鹰捉的小鸡。在人类社会，有强者也有弱者，尽管弱者也能生存，却只有那些有雄鹰般毅力和本领的人才能一览众山小。

泰戈尔说："只有经历地狱般的磨炼，才能炼出创造天堂的力量；只有流过血的手指，才能弹出世间的绝唱。"男孩，除了你自己，没有人能给你一双飞翔的翅膀。人和鹰是一样的，都必须在小时候就开始进行艰苦的练习，长大后才能有搏击长空的本领。

你不可不知的道理

有的男孩认为，自己的家庭条件很好，父母什么苦都不让自己吃，而自己也认为没必要吃苦。其实，我们应该学会去"购买"苦难，而不是等着上天把你抛到苦海中去。平时，多给自己一些挑战，多承担一份责任，不好逸恶劳，不贪图享受，多劳动，多吃苦，这些都是很好的锻炼自己的机会。

幼鹰在学习飞翔的时候，母鹰要让它的孩子们经历三次"地狱式训练"：

第一次，母鹰先将幼鹰带到悬崖边，然后把它们"扔"下悬崖，等待幼鹰自己飞上来。

第二次，幼鹰将接受更为残酷的考验，它们将在伤痕累累、体力又未完全恢复的情况下，被母鹰再一次踢下悬崖。

第三次，这一次母鹰竟将幼鹰的翅膀折断，再次将它们"送"入悬崖的怀抱中。在这次飞翔中，幼鹰只要能忍着疼痛，在跌落悬崖之前扇动翅膀，就能在蔚蓝的天空中自由自在地展翅高飞。

心想事成，只是任性小孩的妄想剧本

当流星划破天际，我们会双手合十，虔诚地许下心愿，期待着在某个时刻变成现实。这是迪士尼电影里常有的镜头。而在现实的成长过程中，慢慢脱离父母的怀抱，你会发现很多东西发生了变化，你心中想要的，并不是每次都能完好无损地得到兑现。如果，你仍然执意想得到，碰壁、挫折、失望、恼怒或许就会占据你的大脑。如果你开始抱怨老天为什么要这么对待你，而不是从自身找原因，那只能说明，你还是个任性的小孩，你还在为自己编织为所欲为的心理剧本，那只能用一个词来诠释——妄想！

百科全书这么解释妄想———一种不理性、与现实不符且不可能实现的错误信念。

男孩，我们都喜欢一帆风顺地奔驰在平坦的康庄大道上，可是现实却处处充满沟壑和陷阱，如果你不注意观察，一路风驰电掣般飞速前进，等你发现时已经晚了，因为你已经错过了最佳的调整距离。

关于心想事成，卢梭曾举例说："有的孩子竟让人一下子把房子推倒，竟要人把钟楼上的风标拿下来给他们，竟要人拦住正在行进中的军队，好让他们多听一会行军的鼓声……他们偏要那些不可能得到的东西，从而处处遇到抵触、障碍、困难和痛苦。成天啼哭，成天不服管教，成天发脾气，他们的日子就是在哭泣和牢骚中度过的。像这样的人会很幸福吗？"男孩，你也一定会说，像这样的人一生都不会幸福！

有一个被宠坏了的孩子，他说他挺爱这个世界的。他的家庭条件好不说，爷爷奶奶、爸爸妈妈又对他疼爱有加，他本人除了学习不错，人还长得"酷"……好像占尽了先天和后天所有完美的条件。

小时候，有一天晚上，妈妈带他到朋友家串门。回到家，他突然发现一直攥在手里的一块糖没了，那块糖是妈妈的朋友给的，他家里没有这样的糖。这个孩子在地上打着滚哭喊着就是要那块糖。

一直被捧在掌心怕摔了、含在嘴里怕化了的小皇帝伤心成这样，一下子急坏了爷爷奶奶、爸爸妈妈。一家人带上手电筒，倾巢出动，沿着回来的路展开"拉网式"大搜寻。一番折腾，已经快午夜12点了，糖还是没找到。妈妈看着仍然号啕大哭的孩子，终于硬着头皮敲响了朋友家的门……

就这样这个小孩被惯出了要什么就能得到什么的坏毛病。后来他长大了，想要找一个女朋友。但是他看中的女孩不喜欢他，长大后的他不再像小的时候那样躺在地上胡搅蛮缠，而是拿起一把刀子割向了自己的手腕……所幸的是，他被及时送进了医院，保住了性命。可是他还没有想明白，开始以绝食相要挟。他的爸爸妈妈就哭着对他说："小祖宗，你想急死我们吗？不就是一个女孩吗，你人生的路还长着呢，好女孩多的是。"父母的悲伤和苦心并没有使他清醒，他反而更加执迷不悟，就是一个词"我要！"，在他的心里，只要有这样的需要，就必须得到，仿佛这是天经地义的事情，得不到就用极端的方式去解决。那么，这样的男孩还是好男儿，还是男子汉吗？他不是，他只是一个没有长大的孩子，他还不明白，这个世界上，并不是你想要什么就能得到什么。

男孩，请记住，那些能控制自己的任性的人，必将成为生活的优胜者。姚明做到了，他使自己从沉迷的电子游戏里走了出来，并成了今天我们看到的姚明。

姚明在10岁的时候第一次去游戏机房，像发现了新大陆一样，他一进去玩就不想出来了。那些游戏一步步吸引着他、诱惑着他继续玩下去。可是玩游戏是需要钱的，那时的姚明手里没什么钱。那该怎么办呢？通常这种情况下，小孩子的第一反应就是从父母那里得到，但是又不能让父母知道。

姚明第一次"拿"了妈妈一块钱，妈妈没有发现。那时候一块钱只能打三次游戏，三次过后，游戏的诱惑力又开始撩拨姚明的心，让他心痒难耐。于是，就有了后来的一块五、两块……这个数字慢慢地在增加，直到一次拿了100元。这次被妈妈发现了。

姚明只好无奈地等待着父母的惩罚。

"姚明，你拿钱做什么了？"爸爸问道。

"打游戏。"姚明怯生生地小声答道。

"好玩吗？"爸爸又不动声色地问道。

"好玩儿……不好玩儿。"姚明心里七上八下，想努力减轻自己犯下的错误。

"好玩儿的东西谁都喜欢，但是玩儿要适可而止。咱们还得读书、打球、郊游、给同学过生日、给爸爸妈妈唱歌听、去看望爷爷奶奶……还有很多事情要做，只顾着电子游戏，其他的事情什么时候做呢？"爸爸没有生气，而是耐心地教导姚明。

姚明想想，的确，自己只顾打游戏却错过了很多事情，想着想着，他就后悔起来了。

"睡觉去吧。"爸爸没有再说什么。

第二天一大早，爸爸给了姚明5元钱，妈妈也说："你长大了，该有零花钱了。"

男孩，结果你已经知道了，如果当时姚明沉迷在电子游戏里不能自拔，那么后来的NBA赛场上就可能没有他的身影了。任性是一种对自己不负责任的行为，如果不对自己严加管束，终将付出代价。管住自己就是珍惜自己现在拥有的一切，也是为将来的自己负责。

男孩，每个人一来到这个世上，都希望能够"率性而为"，想哭的时候就哭，想笑的时候就笑，想闹的时候就闹，想怎么样就怎么样，要风就不能下雨，要太阳就不能出现乌云……但在现实世界，这一切都是你自己不切实际的幻想，不会永远按照你的期望出现。一个人若养成了任性妄为的习惯，那么他的每一次举动都可能被自己的情绪所左右，从而偏离正确的方向，离美好的生活越来越远，离成功也越来越远。

· 你不可不知的道理 ·

"心想事成"的念头会麻痹你的神经，会让你变得消极，当事情没有向你所想的方向发展时，你就很可能承受不住打击，甚至一蹶不振。不要让"心想事成"影响和限制了你的行动力，不要让"心想事成"成为你消极等待的理由，不要让"心想事成"阻碍你坚持不懈的脚步。

延伸阅读

姚明，1980年生于上海，曾效力于上海大鲨鱼篮球俱乐部、中国国家篮球队、NBA的休斯敦火箭队。2009年，姚明全资拥有的上海泰戈鲨客投资管理有限公司与上海东方篮球俱乐部的股东就俱乐部股权的转让事项达成一致，并正式签署俱乐部股权转让的"框架协议"，姚明成为上海东方篮球俱乐部老板。2010年再次入选国家队集训名单。2011年7月退役。

3 Chapter 自立、有担当的男孩才能成大器

自立、有担当，是一个男孩成为男子汉的重要标志，也是男孩最引以为傲的素质。有的男孩可能非常聪明，学习成绩非常优秀，但如果他不能自立，缺少担当的勇气，那么，聪明对他而言可能会一文不值。反之，如果自立、自制、有担当，再加上一点儿笨鸟先飞的精神，男孩总能成长为一个顶天立地的男子汉。

自立自强是人生最重要的课题

自立自强是父母对孩子的殷切希望，也是男孩应该具备的品质。男孩只有自立自强，才能真正走向社会，并在社会上站稳脚跟，创造属于自己的辉煌。自立自强是对待人生的一种态度，也是人生中最重要的课题。

男孩在未来的人生中将要承担很大的责任，背负重要的使命。不能自立自强的人很难承担责任，很难完成自己的使命，也很难让自己的人生变得有意义、有价值。

"天行健，君子以自强不息。"自立自强就是依靠自己的力量获取幸福。即使路途遥远，并且布满荆棘，但只要你勇敢地披荆斩棘，就能开辟出属于自己的一条道路。而想要依靠别人活得成功或者幸福都是不现实的，别人只能提供有限的帮助，而且不能长久。比如，你可能依靠父母的力量取得一定的成功，可是当父母的力量不够或消失时，你的成功也可能就随之消失了。在获得父母或其他人的帮助后，只有自强自立的人才能在此基础上继续走下去，最终取得成功，这样的人生才应该是男孩的人生。

古希腊神话中有这样一个故事。

赫拉克勒斯是宙斯的一个儿子，他在小的时候遇见了美德女神和恶德女神。恶德女神对小赫拉克勒斯说："孩子，跟我走吧，保证你有享不完的荣华富贵！无论你要什么，我一定会满足你！"美德女神对他说："孩子，跟我走吧！我将教会你如何勇往直前，而你也必将在战胜艰险的过程中变得坚强无比！"

小赫拉克勒斯想了想，决定依靠自己的力量获得成功和幸福，他牵起了美德女神的手，毅然决定和美德女神在一起。从那以后，小赫拉克勒斯出生入死，在战胜无数毒蛇猛兽的过程中变得强大无比，为人类屡建奇功，成了希腊神话中首屈一指的英雄！英勇无比的他，长大后迎娶了青春女神，成为最幸福的人。

这则古老的希腊神话告诉我们：要什么有什么的人生不是幸福的人生，而只有靠自己奋斗拼搏获得的人生才是成功的人生。

中国大教育家陶行知写过这样一首诗："滴自己的血，流自己的汗，自己的事情自己干，靠天靠地靠老子，不算是好汉。"即便是父母都不可能依赖一辈子，更何况是他人。自强自立是人生最重要的课题，人生最可信赖的就是自己，就是自己的知识、自己的智慧及自己的汗水。

齐奥尔科夫斯基被称为苏联的"火箭之父"，他10岁的时候染上了猩红热，持续的高烧引发了严重的并发症。在这场疾病中他几乎丧失了听觉，成了"半聋人"。

童年时代的齐奥尔科夫斯基不仅要忍受同龄孩子及大人们的嘲笑，还无法继续上学，而后者让他更为痛苦。他的父亲是一位守林员，每天都在森林里奔波，很少有时间在家中，他的母亲便趁闲暇时教他读书写字。在母亲的教导下，他进步很快，可是不幸又降临了，他的母亲因病去世了。齐奥尔科夫斯基的学习不得不中断。

接二连三的打击让他失去了信心，十分沮丧。这时父亲鼓励他说："孩子，要有志气，要靠自己的力量走下去。"

此后，齐奥尔科夫斯基开始了真正的自学之路。他自学了物理、化学、微积分、解析几何等课程。就这样，一个听力不佳的人、一个没有受过几年正规教育的人，勤奋自学，最终成为一位知识渊博的科学家，在苏联的火箭技术及星际航行方面做出了重大的贡献。

生命的质量是由理想和奋斗决定的。有了自立自强的奋斗精神，生命才会丰满结实。

· 你不可不知的道理 ·

除了阳光和空气等大自然的赠予，其他一切都要靠自己的劳动获取。自立自强是一种可贵的精神，是一种良好的品质，也是成功者必备的素质。自己的人生自己负责，自己的幸福自己争取，自己的未来自己创造。

延伸阅读

希腊神话大约产生于公元前8世纪，主要源自希腊原始住民长期口头相传的神话，同时也借鉴了流传到希腊的其他各国的神话，在此基础上形成基本规模，后来在《荷马史诗》和赫西俄德的《神谱》及古希腊的诗歌、戏剧、历史、哲学等著作中记录下来，经过后人整理形成现在的古希腊神话故事，分为神的故事和英雄传说两部分。

有自制力的男孩才能成大器

成功征服珠穆朗玛峰的新西兰人埃德蒙·希拉里，在被人问起是如何征服这座世界最高峰时，回答说："我真正征服的不是一座山，而是我自己。"其实，在走向成功的征途上，让人放弃努力的也不是困难和挫折，而是诱惑，能否抵制住诱惑，是决定我们能否成功的一个关键性因素。很多人明明已经抵达了成功的彼岸，得到了属于自己的鲜花和掌声，却因为禁不住诱惑，最终跌下成功的宝座。这样的事例不胜枚举。男孩的人生路上充满了种种诱惑和陷阱，让人防不胜防。有时候，诱惑是以理想的面目出现在我们面前的，使人陷于其中而难以自拔。抵制诱惑的唯一办法就是增强自身的自制力，有自制力的男孩才能掌控自己的命运。

在一个绿树成荫的庄园里住着一位乐善好施的老绅士，对需要帮助的人，他从来都是慷慨解囊，乞丐也不例外。有一天，老绅士想找一个年轻人帮他打理庄园，照顾他的日常起居。很多年轻人听到这个消息后，都前来应聘。不过，老绅士的面试非常奇怪，他先让前来应聘的年轻人依次进入会客厅等待面试。

第一个进来的年轻人很安静地坐在椅子上观察着周围。过了一会儿，他就坐不住了。他发现桌子上有一个罩子，他很想知道下面扣着什么，不过，他不敢打开它，怕弄出响动被人发现。又过了一会儿，见老绅士还没出来，他实在忍不住了，就轻轻掀开了罩子，原来罩子下面扣着一堆羽毛。羽毛飘了起来，他急忙伸手打算抓住它们，但已经来不及了，羽毛飘得到处都是。隔壁的老绅士听到声音就走了出来，看到这个年轻人正蹲在地上慌乱地捡拾那些羽毛。毫无疑问，这个好奇心颇重的年轻人应聘失败，因为他连最小的诱惑都无法抵制。

第二个年轻人进来之后，发现桌子上摆着一盘樱桃，鲜红欲滴。他观察了一下房间，见四下无人，立刻起了贪心。他想，这么多樱桃吃掉一颗也不会被发现。于是，他伸手捏了一颗放到嘴里。樱桃的味道真是鲜美极了，他忍不住又吃了第二颗。在吃到第三颗的时候，他忍不住咳嗽了起来。原来，这些樱桃里掺杂了一些装了胡椒的假樱桃，他吃到的第三颗正是假樱桃。

老绅士认为，这个年轻人会偷拿樱桃，自然也会偷拿其他东西，于是，把他也打发走了。之后进来的几个年轻人也都同前两个人差不多，他们有的打开了抽屉，有的打开了壁橱，有的打开了盒子……

这些应聘者都因为自制力不强、经不住诱惑而被淘汰了。

后来，哈里·戈登进来了，他是最后一个应聘者。他在屋里待了20多分钟，坐在椅子上一动不动。他目不斜视，正襟危坐，一点儿歪念头也没有。罩子、樱桃、抽屉、把手、盒子、壁橱门和钥匙都没能使他离开座位。半小时后，哈里·戈登成为庄员里的一员。老绅士去世后，他得到了庄园的继承权。

老绅士为什么要找一个有自制力的人为庄园服务呢？因为自制力是一个人成大事的关键能力。自制力是指一个人自觉地调节情绪和控制自己行动的能力。自制力强的人能够有意识地控制自己的思想感情，约束自己的行为，理智地处理周围发生的事情。

面对美食、游戏、衣服、金钱这些诱惑，可能每个人在内心都会有所渴望，只有自制力强的人才不会沉溺其中，改变自己做人的原则和信念。很多人的失败都可以归结为自制力不强。每个男孩都想成功，都想改掉身上的毛病，成为一个优秀的人。可是，为什么你总是办不到？没办法按照计划完成作业，没办法坚持晨跑，没办法控制吃垃圾食品的欲望，没办法控制自己心中的怒火……自制力不强，是每个男孩在成长过程中都会遇到的问题，也是阻碍男孩实现目标和计划的最大难关。那么，要怎样解决自制力不强的问题呢？

富兰克林·德拉诺·罗斯福被公认是美国历史上身体最健康、意志最坚定的总统。不过，小时候的罗斯福却是一个体弱多病的孩子。据说，那时的他身体虚弱得连床边的蜡烛都吹不灭。那么，罗斯福是怎样恢复了健康并且拥有了强健的体魄呢？罗斯福说，是强大的自制力使他成为一个身体健康、意志坚强的人。

罗斯福认为，人只有通过反复的锻炼，才能获得真正的自制力。

成为总统以后，每天下午罗斯福仍要进行几小时的体育锻炼——打网球、骑马，或者在崎岖的乡间小路上行走。不管工作有多累，罗斯福从来没有停止过自己的健身计划。有一天上午，他在白宫接待处和6000个人握手后，下午他仍然和家人、朋友一起骑了两小时的马。"我们跨越栅栏，穿过山丘，一起在平地上飞奔。"

罗斯福的自制力不是天生的，也不是靠大脑凭空想象出来的，而是通过反复训练得来的。男孩大多有这样的经验，当自己打算改掉坏习惯、培养好习惯时，开始还能坚持，可是过不了多久，就开始给自己找借口了。结果是，过不了多久，计划就执行不下去了。

自制力的训练不是一朝一夕完成的。在训练自制力时，男孩一定要注意，不管有什么事情，都尽量不要改变你的计划。比如，你因为有事情忙到了晚上该睡觉的时间，你可能会这样想，今天的单词就不背了吧，明天再背，少一天也没关系。不，这绝不是少背几个单词的事，当你做出这样的决定时，你的自制力训练就彻底失败了。

你不可不知的道理

　　自我约束和管理是一种优秀的习惯，在向目标努力的过程中，强大的自制力能够帮助男孩克服自身的一些弱点，远离诱惑。条件越艰苦，就越需要我们用强大的自制力去战胜它。要培养强大的自制力，男孩就要有意识地让自己置身于艰苦的环境中，让自己多吃点儿苦多受些累。所以，聪明的男孩不会害怕面对困难，因为这正是训练自制力的大好时机。

延伸阅读

　　富兰克林·德拉诺·罗斯福是美国第32任总统，也是美国历史上唯一一位蝉联四届的总统。罗斯福在应对20世纪的经济大萧条和第二次世界大战中发挥了巨大作用。在大萧条时期他推出新政以挽救经济，"二战"爆发后他推出租借法案援助盟国，1941年对法西斯国家宣战。"二战"后期，罗斯福在恢复战后世界秩序中又发挥了关键作用，尤以在雅尔塔会议及联合国的成立中表现突出。罗斯福被学者评为美国最伟大的三位总统之一，同华盛顿和林肯齐名。

男子汉，要勇于为自己的行为负责

　　罗纳德·威尔逊·里根出生于1911年，他的父亲是鞋店售货员，尽管家庭条件一般，但父亲很注重对孩子的教育，从小就培养里根的责任感。

　　11岁那年，里根得到了一些威力很大的爆竹，当然，他心里很清楚，这种爆竹是禁止燃放的。下午，里根来到罗克河大桥旁，背靠桥边一堵砖墙点燃了一支大爆竹。随着一声震耳欲聋的巨响，墙缝儿里腾起了一团烟雾，里根高兴得又蹦又跳。结果，乐极生悲，他很快就被听到声音赶来的警察逮了个正着。在警局，里根见到了警长，他知道警长是父亲的老朋友，觉得警长不会把他怎么样。但警长立刻叫来了里根的父亲，并坚持要求他父亲必须缴纳12.5美元的罚金。

　　在20世纪20年代的美国，12.5美元可不是一笔小数目。当时，1美元可以买10只生蛋的母鸡。父亲帮里根交了12.5美元。后来，里根回忆说："事后，父亲了解了事情原委，没有因为我年纪小而格外开恩，开始时他板着脸一言不发，我害怕极了。母亲怕我受到责罚，便在一旁好言劝解。过了一会儿，父亲严肃地对我说：'我不能替你付这笔罚款，你必须对自己的过失负责。这12.5美元我暂时借给你，但一年以后必须还我。'接下来的日子里，我不得不到处打零工偿还我欠父亲的债。

　　"为了赚钱，我一边刻苦读书，一边抽空打工挣钱。我人小力单，重活儿做不了，便只好靠在餐馆洗盘刷碗和捡废品来赚一点儿微薄的零钱。半年后，我终于挣够了12.5美元。当我自豪地把钱交到父亲的手里时，父亲欣慰地拍着我的肩膀说：'一个能为自己的行为负责的人，将来一定会有出息的。'"

　　里根在回忆这段少年往事时，深有感触地说："通过自己的劳动来承担过失的这段经历，让我懂得了什么叫责任。"正是父亲的严格要求，使里根学会了做一个勇于负责任的男子汉，也成就了后来的里根总统。

　　这件事让年少的里根明白了什么是担当，对他的一生都产生了重要影响。里根从16岁开始，在狄克森附近的罗克河畔的一个公园做了7年救生员，据说拯救了77名溺水者。里根对这段工作经历非常自豪，经常向白宫的访客们展示挂在总统办公室的罗克河照片。

里根读大学时，是校园里多个俱乐部和运动队的负责人，他被同学们称为"校园里的大角色"。他还领导学院新生加入一次反对减缩学院开支的罢课。里根的领导力很大程度上来源于他勇于承担责任的魄力。

不敢为自己的言行后果和团体的兴衰负责任，是很多人一生都无法担任领导角色、无法成就大事业的主要原因。

作为未来的男子汉，男孩要敢于对自己的行为负责，这是男孩走向成熟的表现，也是男孩未来成就大业的基石。敢于对自己的行为负责，就意味着男孩要为此承担更多更大的责任，甚至为此付出沉重的代价。敢担当的男孩就像风雨中的大树，会越长越壮，能够以自己的力量去保护那些比自己能力弱小的人。

在中国，有一个人和家人居住在祖传的一座百年老屋里。有一天，他突然收到一封从国外寄来的信，信是用英文写的，不懂英文的他满怀疑惑，他和自己的家人从来没有国外的亲友，这封信可能寄错了吧。

他找来一名翻译，翻译出信的内容。

信是从英国的一所大学寄来的，收信人为"房屋主人"，寄信人署名为"Tom"（汤姆）。信的大致内容是这样的：我是您所居住的房子的建筑设计师，为此，我深感荣幸。它是我年轻时代最得意的作品。令我难过的是，它如今已经经历了百年风雨，就像一位走向衰老的人，寿命将尽，无力再承受任何风雨，无力守护它的主人了。它必须和您及您的家人作最后的告别了。若再住下去，我担心您和家人的生命和财产将受到威胁。当然，作为房子的设计者，我无权要求您尽快搬离心爱的家园，但是，作为一名称职的设计师，我有责任将这一危险告知您，并请您务必搬离那里！希望你和家人幸福安康！

这个房主很快就搬出了那座百年老屋，并且，怀着无比感激的心情给汤姆回了一封信。在信中，他还邀请汤姆来中国做客。一个月后，他收到了回信。信并不是汤姆本人寄来的，而是汤姆的孙子。原来，那座老屋是汤姆年轻时来中国设计建造的。如今，他已经去世了。去世前，汤姆留下了这封信，向儿孙交代了替他寄信的确切时间，嘱咐他们一定要将这封信交到房屋主人的手中。

果然，不久之后，在一场暴风雨中，那座老屋轰然倒塌。

这个故事告诉我们，责任不是一时的，而是一生的牵挂。汤姆深知自己设计的房屋的寿命，并且在适当的时间警告了主人搬离。而且这个责任，并非发生在他在世之时，而是一直延续到他去世后。我们几乎可以推测，作为设计师，他可能不只留下这一封信，他会记住自己设计的所有房屋，并在它们寿命将尽前尽了全部的告知义务。

不负责任的人只会一味许诺，一旦发生事故，便找借口把责任推得一干二净，负责任的人知道哪些问题是自己该承担的，并且只要是他的责任，就一定会承担到底。这才是真正的男子汉作风。

你不可不知的道理

责任是上天给男孩的一种考验，年少无知并不能够成为男孩逃避责任的借口，只有当男孩明白了什么是责任，并且敢于为自己做过的事、说过的话负起责任时，男孩才真的长大了。

延伸阅读

罗纳德·威尔逊·里根，1911年出生于美国伊利诺伊州的坦皮科，2004年逝世于加利福尼亚州洛杉矶市的家中，美国政治家，第33任加利福尼亚州州长，第40任美国总统（1981—1989年）。在踏入政坛前，里根做过运动广播员、救生员、报社专栏作家、电影演员、电视节目演员和励志讲师，并且是美国影视演员协会的领导人。他也是一名伟大的演说家，他的演说风格高明而极具说服力，被媒体誉为"伟大的沟通者"。在美国历任总统中，他就职年龄最大，也是唯一一位演员出身的总统。

细节决定成败，责任成就未来

很多男孩性格大大咧咧，做事马马虎虎，在学习上，认识不到自己作为学生的责任，上课不认真听讲，下课做作业也是敷衍了事，即使自己成绩不好，也不努力学习。这样的孩子，长大后也很难承担起自己的责任，成为一个有责任感的人。而责任感正是一个优秀的人、一个领导者所应该具备的品质。有责任感的人才能成大器。

责任感不仅关乎自己，也关系着身边人的利益。比如学生在考试中丢掉一个小数点，在目前看来，可能影响的只是这次的成绩，可能对他人、社会和国家没有任何危害。可是，一旦马虎成为习惯，等到他进入社会，走上工作岗位，就可能会成为不负责任的员工，做不好工作；可能成为不负责任的家长，影响家庭的和谐与孩子的成长；可能成为不负责任的公民，在公众场合不顾他人，引起麻烦。

1967年，苏联宇航员弗拉基米尔·科马洛夫独自一人驾驶"联盟1号"宇宙飞船进入太空。进行一昼夜的飞行后，科马洛夫完成了任务，开始返航。此时，全世界的电视观众都在收看这次宇宙飞船飞行的实况。当宇宙飞船开始返航的时候，人们已经开始欢呼了。但当飞船返回大气层后，科马洛夫准备打开降落伞以减缓飞船飞行速度时，却发现降落伞怎么也无法打开。地面指挥中心采取了一切救助措施，但都无济于事。最后，播音员以沉重的语气宣布："'联盟1号'宇宙飞船由于无法排除故障，不能减速，两小时后将在着陆点附近坠毁。我们将遗憾地目睹我们的英雄科马洛夫遇难。"

后来人们发现，"联盟1号"之所以发生故障、被迫坠毁，就是因为在地面检查时工作人员责任心不强，忽略了一个小数点，致使飞船出现故障，最终酿成一场悲剧。

一个有知识、有责任感、有良好行为习惯的人，谁不欢迎呢？谁愿意要一个不负责任、工作漏洞百出，甚至给单位带来财产损失的人呢？责任心不强，正是灾难的开始。就像上面事故中的地面人员，给牺牲者的家庭造成多么大的痛苦和打击！给国家造成多么大的损失！他本人又有怎样的结果呢？

列夫·托尔斯泰曾经说过："一个人若是没有热情，那么他将一事无成，而热情的起点就是责任。"一个杰出的领导，一个干大事业的人，一个优秀的员工，无不具有强烈的责任感和良好的行为习惯。

阿基勃特原来只是美国标准石油公司的一名小职员。他在签名的时候，总会在自己的签名下方写上"每桶4美元的标准石油"几个字，即使在自己的书信和收据上也不例外。因为这一行为，阿基勃特被同事取笑为"每桶4美元"，他的真名倒是没有人叫了。

公司的董事长洛克菲勒听说这件事后，就表示要见见这位"做事努力"的员工。洛克菲勒表示阿基勃特是一个非常有责任感的员工，无时无刻不在努力宣传公司。后来，洛克菲勒给了阿基勃特很多机会，而阿基勃特也十分努力，最后成为美国标准石油公司的董事长。

老板并没有交代员工要在签名的时候写上"每桶4美元的标准石油"几个字，但在阿基勃特看来，自己身为标准石油公司的职员，无论职务高低，都有为公司宣传的责任和义务。正是这种责任感让阿基勃特最终成为公司的领导者。

对阿基勃特这样的人来说，有些事情是不需要交代的。他们总是能够认识到自己身上的责任。他们能认识到自己作为一个员工的责任、自己作为一个领导的责任、自己作为一个家长的责任，自己作为一个男人的责任。如果你将来要成为员工、成为领导、成为家长，就必须学会承担责任。

美国心理学家弗洛姆指出："责任并不是由外部强加在人身上的，而是我需要对我所关心的事做出反应。"男孩要以主人翁的姿态来对待自己的学习、生活，而不是把它们当成苦差事去应付，那样的话你会活得很痛苦，而且难成大事。

责任同时还意味着主动承担过失。当你由于某种原因而造成过失的时候，作为男孩，不应该躲避或推卸责任，而要主动担当。这样，虽然你可能会被批评，但这种主动承担过失的精神是你男子汉气概的一部分，并将促使你进一步改正错误，加快你的成长。

你不可不知的道理

男孩，在你的内心，你应该明确这一点：推卸责任是一种耻辱。要记住，不管你做什么事情，都应该怀着一颗勇于承担责任的心，全心全意、尽职尽责地去扮演好自己的角色。

延伸阅读

宇宙飞船是一种运送航天员、货物到达太空并可返回地球的一次性使用的航天器。它基本能保证航天员在太空的短期生活并进行一定的工作。它的运行时间一般是几天到半个月，一般可搭乘2~3名航天员。宇宙飞船比无人航天器复杂得多，以至于到目前仍只有美、俄、中三国能独立进行载人航天活动。中国首次发射的载人航天飞行器是"神舟五号"，于2003年10月15日将航天员杨利伟送入太空。

天下没有免费的午餐，靠父母不如靠自己

西方有一句谚语："天下没有免费的午餐。"美国巨富洛克菲勒在写给儿子的信中说："动物要靠人类供给食物时，它的机智就会被取走，接着它就麻烦了。同样的情形也适用于人类，如果你想使一个人残废，只要给他一副拐杖再等上几个月就能达到目的。"洛克菲勒的意思是，免费的午餐并不是白白让你享用的，享用免费午餐的后果是惨重的。

一个农夫养了几头猪。有一天，他忘记了关圈门，那几头猪便跑出猪圈，跑到了山里。经过几代繁衍以后，这些猪变得越来越凶悍，野性十足，威胁到了周围村子里人的生活。几个经验丰富的猎人听说后，带着猎枪，设下陷阱，试图抓住它们。但是，这些猪很狡猾，从不上当。

有一天，一位老人赶着一辆驴车，车上拉着许多木材和粮食，走进了野猪出没的地方。两个月以后，老人告诉那个村子的村民，野猪已被他关在山顶上的围栏里了。村民们很惊讶，忙问他是怎么做到的。老人说："我找到野猪经常出没的地方，在一块空地上放上一些粮食。那些猪起初很警惕，但是，它们舍不得离开这些香喷喷的诱饵，在徘徊观望了一会儿之后，还是满怀好奇地跑过来，用鼻子对着粮食嗅来嗅去。很快一头老野猪试探着吃了第一口，其他野猪看见之后，也跟着大胆地吃起来。第二天，我又多加了一点儿粮食，并在几米远的地方竖起一块木板。野猪看到木板后，曾一度犹疑，但是在那免费午餐的巨大诱惑下，它们不久便又跑到空地上继续大吃。接下来的几天，我要做的事就是每天在粮食周围多竖几块木板，直到一个围栏基本完成，只留下一个缺口。最后一天，当野猪们跑来吃免费的午餐时，我挑了一块坚实的木板做了一扇门，把它们关在

了围栏里。"

你明白了吗？享用免费午餐的结果，就是像吃白食的野猪一样，最终失去独立觅食的能力，甚至失去自由。所以，男孩，不要过多地依赖自己的父母，免费午餐要少吃。

洛克菲勒教育自己的子女从小就要独立，并通过自己的劳动来赚取零花钱。洛克菲勒还规定了孩子们做家务的劳动报酬。比如，打苍蝇2美分，削铅笔10美分，修花瓶1美元，拔地里的草10棵1美分，保持院里小路干净每天10美分……

洛克菲勒希望家里可以减少煤气使用量，就告诉女儿，每月节省下来的煤气费用都归她。于是，女儿便每天四处察看，一旦发现有人在用煤气灯，便马上过去把火关小一点儿。

洛克菲勒的孩子也和普通人家的孩子没什么不同，都要从小学习独立，学习生存。父母能提供给你的，只是你在这个阶段生存的必要条件，而不能完全帮助你长大。

达瑞出身于美国一个中产阶级家庭。父母在生活上对他要求很严，平时很少给他零花钱。达瑞 8岁的时候，有一天他想去看电影，翻遍口袋却发现一分钱也没有，是向爸爸妈妈要钱还是自己挣钱？最后，达瑞选择了后者。他自己调配了一种汽水，在街边摆了一个摊子，向路人售卖。不过达瑞忽略了一个关键问题——愿意在大冬天喝汽水的人并不多。结果，只有两个顾客——爸爸和妈妈光临了他的摊子。

后来，达瑞偶然遇到一个商人，他向商人讲起了自己卖汽水的经历。商人笑了，给他讲了两个赚钱的绝招：一是帮别人解决难题，二是销售你所能拥有的商品。当然，达瑞只能选择第一种赚钱的路子。

可是，达瑞年纪还小，能做的事情实在太少了。有一天，父亲让达瑞帮忙取报纸，达瑞很高兴地来到取报纸的地方。那时，按惯例，送报员只负责把报纸从花园篱笆中一个特制的管子里塞进来，父亲最讨厌取报纸，尤其是冬天的时候，人必须从温暖的屋子里穿过花园，来到门口取报纸，真是不胜其烦。可是，父亲的抱怨却让达瑞灵机一动：帮邻居取报纸也许能赚到钱。

达瑞按响了邻居们的门铃，告诉他们，每月只需1美元，他就可以帮助他们将报纸塞到房门下面。就这样，达瑞得到了70份订单，从而获得了整整70美元，真是不可思议！

后来，达瑞又建议客户每天把垃圾袋放在门口，由他早上送报时顺便把垃圾运到垃圾站去。这样，达瑞又从客户那里得到了双倍的报酬。接着，达瑞又不断地扩大自己的业务范围，比如帮人浇花、喂宠物等。

达瑞9岁时，还学会了用父亲的电脑写广告，为自己的业务做宣传推广。很快，达瑞便当起了小老板，因为他的业务太多，自己已经忙不过来了，他还雇用别的孩子为他帮忙。这时，达瑞已经是一个不折不扣的小富翁了。

一个出版商得知达瑞的事迹后，请达瑞写了一本叫《儿童挣钱的250个主意》的书。就这样，达瑞在12岁时就成了一名畅销书作家。15岁时，达瑞又有了自己的谈话节目。通过做电视节目和电视广告，他的财富源源不断。达瑞17岁的时候，成了名副其实的百万富翁。

达瑞所做的事，任何一个男孩都可以做到。做事的目的当然不只是为了赚钱，在赚钱的过程中，男孩能了解到生活的艰辛，看到社会生活的另一面，也能尽快成熟起来。

一些男孩总认为，父母在自己没有长大之前照顾自己是理所应当的，却忘记了小鹰的飞翔是从幼年起就要训练的，越早训练，翅膀就越有力，飞得就越高。等小鹰离开老鹰的守护时，它已经是一只能够自如应对风雨的鹰了。如果等长大才训练这种能力，翅膀可能已经僵硬，而更重要的是，我们浪费了青少年这个最好的训练时期，等你到了社会上再想独立时，就会比别人慢好几拍。所以，从小我们就应该多给自己创造一些"演习"的机会，这样的机会越多，你未来的自立能力就越强，适应社会的能力也就越强。

你不可不知的道理

在有的国家，孩子做家务是法定的。德国的法律条文规定：孩子6岁之前可以玩耍，不必做家务；6~10岁，偶尔要帮父母洗碗、扫地、买东西；10~14岁，要剪草坪、洗碗、扫地、给全家人擦皮鞋；14~16岁，要洗汽车、整理花园；16~18岁，要每周给家里大扫除一次。对于不愿做家务的孩子，父母有权向法庭申诉，以求法庭督促孩子履行义务。

延伸阅读

1920年5月1日洛克菲勒给儿子约翰写了一封信。在信里，他为14岁的儿子列出零用钱处理细则。

65

1. 从5月1日起约翰的零用钱起始标准为每周1美元50美分。

2. 每周末核对账目，如果当周约翰的财政记录让父亲满意，下周的零用钱上浮10美分（最高零用钱金额可等于但不超过每周2美元）。如果当周约翰的财政记录不合规定或无法让父亲满意，下周的零用钱下调10美分。

3. 在任何一周，如果没有可记录的收入或支出，下周的零用钱保持本周水平。

4. 双方同意至少20%的零用钱将用于公益事业。

5. 双方同意至少20%的零用钱将用于储蓄。

6. 双方同意在未经爸爸、妈妈或斯格尔思小姐（家庭教师）的同意下，约翰不可以购买商品和向爸爸、妈妈要钱。

7. 双方同意如果约翰需要购买零用钱使用范围以外的商品时，约翰必须征得爸爸、妈妈或斯格尔思小姐的同意，后者将给予约翰足够的资金。找回的零钱和标明商品价格、找零的收据必须在购买商品的当天晚上交给资金的提供者。

8. 双方同意约翰不向任何家庭教师、爸爸的助手和其他人要求垫付资金（车费除外）。

不要让别人左右你的行为

美国前总统里根小时候去鞋店做鞋，鞋匠问他想要方头的还是圆头的，里根不知道哪种鞋适合自己，一时回答不上来。鞋匠叫他回去考虑清楚后再来告诉他。过了几天，鞋匠在街上碰见里根，又问起鞋的事情，里根仍然举棋不定。鞋匠便对他说："好吧，我知道该怎么做了。两天后你来取新鞋。"

去店里取鞋的时候，里根发现鞋匠给自己做的鞋子一只是方头的，另一只是圆头的。

"怎么会这样？"里根非常生气。

"等了你几天，你都拿不定主意，当然就由我这个做鞋的来决定了！小家伙，这是给你一个教训，不要让人家来替你做决定。"鞋匠回答。

里根后来回忆起这段往事时说："从那以后，我认识到一点——自己的事自己拿主意。如果自己遇事犹豫不决，就等于把决定权拱手让给别人。一旦别人做出糟糕的决定，到时后悔的是自己。"

很多男孩就像小时候的里根一样，经常自己拿不定主意，搞不清自己该做什么。你可能很清楚自己晚餐想吃什么，下周该穿什么样的衣服，但是，你不知道自己该不该坚持你为自己制订的计划。

当你有了新想法时，是不是总是受到周围人的嘲笑和否定？他们会用自己的经验告诉你，这是行不通的，或者是以你目前的能力无法实现的。于是，你也慢慢相信了别人的说法，接受了他们给你的建议。轻易接受别人的建议是危险的。正如《小马过河》里说的一样，盲从别人的经验可能会害了你。

有一个叫哈代的男孩，伙伴们都认为他脑子有问题，因为他脑子里装满了莫名其妙的怪念头。然而"自由泳"就是哈代的发明。

哈代曾两次入选美国奥运会游泳代表队，曾连续3届获得"密西西比河10英里马拉松赛"的冠军。不过，哈代认为，当时的游泳姿势并不科学，他想改进游泳姿势，减少体力消耗，提高游泳速度。

哈代的想法遭到教练和同伴的强烈反对，他们认为哈代的想法实在太荒唐了。一个游泳冠军告诫他，不要冒险尝试，小心在水里淹死。

哈代没有被大家的嘲笑和否定吓倒，经过反复的研究和练习，他最终创造出一套完美的游泳姿势——自由泳。如今，自由泳已经成为国际游泳比赛的一个项目。

不要怕被称为傻瓜，男孩要相信自己的想法，坚定自己的立场，相信自己的力量，努力去实现它，而不是盲目听从他人的意见。

有一个小和尚非常苦恼地对师父说："东街的大伯称我为大师，西巷的大婶骂我是秃驴；张家的阿哥赞我清心寡欲，四大皆空，李家的小姐却斥责我色胆包天，凡心未了。师父，你说我到底是什么呢？"

师父笑而不语，指指东厢的石头，又指指西厢的花，小和尚恍然大悟。师父的意思是说，石头就是石头，花朵就是花朵，自己就是自己，不必在意别人说三道四，别人说别人的，你做你自己的。

很多时候，你会陷入别人对自己的评论之中，不能自拔。别人的语气、眼神、手势……都可能搅扰你的心，打击你的自信，使你丧失成功的机遇，这是一种多么愚蠢的行为啊。

男孩经常会遇到这样的情况：有朋友非常固执地建议你同他们去做一些你根本不想做的事情，比如，周末你想在家里写作业，而同学却打电话邀请你出去打球。你知道这不是你打球的时间，可是朋友却一直在央求你，甚至还说你"不够哥们儿"，于是，为了"够哥们儿"，你不得不放下手头的事情。还有朋友在受了欺负后，要你同他一起去打击报复对方，为了显得够义气，你虽然不赞成这种行为，但还是和他一起去了。

这些都是没有主见的表现。男孩要记住，如果朋友的建议不妥，或者他所要求的事情和真正的"哥们儿义气"无关，你都可以拒绝。那么什么事情和真正的"哥们儿义气"无关呢？比如，朋友请你一起打球，如果你正好有重要的事情安排，比如上课、考试、做家务等，你要说明情况，坚决拒绝。因为，打球娱乐的时间是随时可以抽出来的，而你要做的事情却必须在当时要完成。如果朋友因此而生气，你可以告诉朋友，你的事情更重要，打球之类的事情可以改天。真正的朋友一定会支持你，而不会怂恿你先去做无关紧要的事。

总之，聪明懂事的男孩要分清哪些事情是必须去做的，哪些事情是自己不应该去做的，要学会自己做决定，自己为自己拿主意。如果你自己拿不了主意，最好去找那些你信得过的大人或者朋友一起商量，让他们帮你拿主意。当然，有些朋友的主意你也应当在接受之前三思。

有主见的男孩不会随波逐流、人云亦云，他们会为自己做主，做自己心灵的主人。有时，面对众多的人发出的质疑、批评和非议，男孩往往会陷入孤立、尴尬的境地，内心会充满失望和苦闷。这个时候，如果男孩缺少主见，他可能在很长一段时间内都很难走出内心的阴影。但对有主见的男孩而言，越是面对他人的质疑、批评和非议，他们反而越充满斗志，对自己的信念毫不动摇。

·你不可不知的道理·

下面这段话是1907年诺贝尔文学奖得主约瑟夫·鲁德亚德·吉卜林写给他12岁的儿子的：

　　如果在众人六神无主之时，你能镇定自若而不人云亦云；如果被众人猜忌怀疑时你能自信如常而不去妄加辩论；如果你有梦想，又能不迷失自我；如果你有神思，又不至于走火入魔；如果在成功之时能不喜形于色，而在失败之后也勇于咀嚼苦果；如果看到自己追求的美好破灭为一堆零碎的瓦砾，也不说放弃；如果你辛苦劳作，已是功成名就，但为了新目标仍然冒险一搏，哪怕功名化为乌有；如果你跟村夫交谈而不变谦恭之态，和王侯散步而不露谄媚之颜；如果他人的意志左右不了你；如果你与任何人为伍都能卓然独立；如果昏惑的骚扰动摇不了你的信念，你能等自己平心静气，再作应对——那么，你的修养就会如天地般博大，而你，就是一个真正的男子汉了，我的儿子！

延伸阅读

　　1896年，第一届夏季奥林匹克运动会在雅典举办，自由泳被列为正式的比赛项目。自由泳不受任何姿势限制，因为爬泳速度最快，所以爬泳就成为自由泳的唯一姿势。爬泳动作像爬行，即双臂轮流划水和两腿上下交替打水。这种姿势结构合理，阻力、速度均匀，是目前世界上最快、最省力的一种游泳姿势。

4
Chapter

男孩，多学一点儿，
你会更优秀一些

男孩在求学阶段，不要觉得自己有些小天赋或者小聪明便骄傲自满，从而不努力、不勤奋、不认真；也不要心存侥幸心理，觉得好成绩总会跟着自己。如果说知识是一汪泉水，那么勤奋就是活水的源泉；如果说知识是一盏明灯，那么勤奋就是点亮灯芯的火光；如果说知识是一座摩天大厦，那么勤奋就是构筑大厦的基石。勤奋不仅能让你获得更多的知识，更能让你变得出类拔萃。

天道酬勤，每一个尖子生都很刻苦

华罗庚是我国著名的数学家，他初中毕业后曾就读于上海中华职业学校，因交不起学费辍学。此后，勤奋的他曾用5年时间自学完高中和大学低年级的全部数学课程。

　　1930 年的一天，清华大学数学系主任熊庆来从《科学》杂志上看到了华罗庚写的一篇数学论文。他看完后不禁拍案叫绝，向周围的同事打听华罗庚。起初他还以为华罗庚在大学教书，却没想到华罗庚只念过初中，而且只是金坛中学的一名事务员。

　　熊庆来非常惊讶，他认为一个初中毕业的人能写出这样高深的数学论文，一定是位奇才，他当即决定把华罗庚请到清华大学来。从此，华罗庚就成为清华大学数学系的教员。在这里，他更加勤奋地学习，每天都畅游在数学的海洋里，经常每天只睡五六个小时，甚至在熄灯之后还在头脑中进行逻辑思维训练。

　　功夫不负有心人，他的数学研究渐渐获得国内外数学研究领域的关注，而他也被保送到英国剑桥大学留学。在剑桥的两年内，他写了20多篇论文，其中一篇关于"塔内问题"的研究结论，被数学界命名为"华氏定理"。

　　华罗庚以一种热爱科学、勤奋学习的精神，在数学研究领域取得了举世瞩目的成就。他还把科学研究与实际应用紧密结合起来，把数学应用到工农业生产上，为我国现代化建设做出了突出的贡献。

　　男孩，一个初中毕业生，最终成长为一位著名的数学家，他靠的是什么？对，勤奋，是勤奋改变了他的命运，改变了他的一生。

　　经常有男孩提出这样的问题：学习的捷径是什么？其实，在学习上寻找捷径，就类似于缘木求鱼，根本不会有答案的，因为学习并没有什么捷径，而想在学习上走捷径的人，多是不想付出劳动或想要用少许的付出获得丰厚回报的人。

　　从目前来看，所谓的差生，大部分是学习不够用心或学习方法不当造成的，学生之间原本的天资差别不是很大，但是勤奋与否却能拉开彼此的距离，正如郭沫若所说："形成天才的决定因素应该是勤奋。有几分勤学苦练，天资就能发挥几分。天资的充分发挥和个人的勤学苦练是成正比的。"人们经常有一种错觉，认为成绩好是天资使然。其实，勤奋才是成绩好的根本原因，那些优秀的学生往往是勤奋的，他们听课比别人认真，做练习比别人多，也比别人更爱思考。数学课本上有现成的公式，物理课本上有现成的定理，化学课本上有现成的分子式，但是如果你不做一定量的练习题和实验，就仍然掌握不了这些数理化知识。至于写文章就更难了，古往今来，没有哪一个作家是靠"写作秘诀"成功的。没有一定的社会实践，没有一定的语言功底，没有一定的写作训练，任何高明的写作秘诀都无济于事。

因此，不要再去探究什么捷径，不要再去寻找什么秘诀。"书山有路勤为径，学海无涯苦作舟"，踏踏实实学习，认认真真做人，成绩就是这样取得的，理想也会这样实现。古往今来，成功人士无一不是付出了惊人的劳动，"不劳而获"不在成功者的字典里。

一个人在求学时代形成的勤奋的学习态度，对以后的治学、处事都有深远影响。那些在学生时代就十分用功的人，毕生都会十分勤奋、严谨。孔子一生"学而不厌，诲人不倦"，钻研《易经》"韦编三绝"，毕生都勤奋治学。福楼拜描述自己"像驴一样地工作着"，他常常半夜仍在辛苦写作，以至于他的房间被认为是塞纳河上的灯塔。在他溘然长逝的时候，他的学生莫泊桑满怀崇敬地说："终于，这一次他倒下了，死在他工作着的桌子的脚柱边。"这些无一例外地证明了，成功不仅在于天赋，更在于勤奋，天才源于刻苦。

你不可不知的道理

王安石笔下的方仲永由"神童"变"凡人"，人们在嗟叹之余也懂得了亘古不变的道理：要想学有所成，勤奋比天赋更重要，普通人能通过勤奋学习登上知识的殿堂，而那些不能勤于奋斗的天才也终将一事无成。所以，当有人赞扬鲁迅是天才的时候，鲁迅先生说："我哪里是天才，我是把别人喝咖啡的时间都用在学习上了。"

延伸阅读

居斯塔夫·福楼拜，19世纪法国著名作家，莫泊桑曾拜他为师，作品有《包法利夫人》《情感教育》等。他的"客观而无动于衷"的创作理论和精雕细刻的艺术风格，在法国文学史上独树一帜。《包法利夫人》描写的是一个家庭妇女艾玛因为不满足平庸的生活而逐渐堕落的过程，福楼拜用很细腻的笔触描写了主人公的情感变化，也很努力地找寻着造成这种悲剧的社会根源。

比别人做得多一点儿，再多一点儿

马云曾幽默地说过这样的话："今天很残酷，明天更残酷，后天很美好，但是绝大部分的人死在明天晚上，看不到后天的太阳。"这句话昭示着，我们将来所面对的是一个充满竞争的世界，只有比别人更努力一点儿，多坚持一下，你才有机会笑到最后。

拳王阿里坚信"精神才是拳击手比赛的支柱"。1975年9月30日前，33岁的阿里与另一位拳击高手弗雷泽已经进行过两次较量，结果是一胜一负。这一天，他们将进行第三次较量，比赛进行到第14回合时，阿里已经精疲力竭，到达了崩溃的边缘，此时似乎一口气都足以把他吹倒在拳击台上，他看起来不可能迎战第15回合了。然而阿里始终坚持着不肯放弃，他非常清楚，对方和自己一样，也已耗尽了全部的力气。这个时候的较量，不再是气力与技能的较量，而是意志力的较量。阿里心里十分清楚，此时只要再坚持一下，在精神上压倒对方，就有胜出的可能。于是他坚持着胜利者的表情和姿态，双目如电……弗雷泽看到后不寒而栗，以为阿里还有力气。之后，他显然被阿里的气势震住了，表示"俯首称臣"，甘拜下风。裁判随即高举起阿里的臂膀，宣布阿里为胜利者。阿里缓缓地向舞台中央走去，刚走几步，便两眼发黑，晕倒在地。此情此景被弗雷泽看在眼里，痛在心上，他为此后悔莫及。

人生就像拳击比赛，充满着太多的辛劳与汗水，许多人就在接近成功的那一刻放弃了，这是十分遗憾的。当然，人生中的挑战比起拳击比赛来说要隐秘得多。也正是因为如此，许多人只看到了别人站在舞台上，接受众人掌声和鲜花的时刻，却不知道他为了这一刻，曾经付出了怎样难以想象的努力。

丘吉尔曾经说过："成功的秘诀就是坚持、坚持、再坚持。"对男孩来说，你要记住的是，你需要比别人做得多一点儿，多一点儿，再多一点儿。要相信，所有的努力都绝对不会白费的。

如果不去尝试，你永远不知道自己到底拥有多么大的潜力。你说：

"我学不好英语。"可是，你问问自己，你一天记了几个单词，背过几篇课文，听过几遍听力？你说："我长跑不行。"可是，你每天坚持跑过几千米？

如果你比别人做得更少，却想比别人收获更多，这就像盼着天上掉馅饼那样，是不可能的。如果你比别人做得更多，但是，收获的仍然比别人少，那么，你就努力做得比别人多10倍吧！蝴蝶的美丽，来自破茧的艰辛；珍珠的光彩，来自沙石的磨砺；梅花的馨香，来自苦寒的洗礼；青春的成才，来自刻苦的学习。"付出永远不会太迟"，如果你认为现在时间紧迫，觉得来不及，那么就加倍地努力，加倍地付出，让校园里不再出现你漫无目的散步的身影，课堂上不再因为憧憬未来而不断发呆，这样虽然少了很多休息和幻想的时间，但是你会感到收获的弥足珍贵，或许是一道题被攻克后你挂在脸上的微笑，或许是一场考试后被别人羡慕的喜悦，这些都足以让你体验到成功慢慢地向你靠近。

我们所谓的坚持和做得更多，指的是在成长的道路上必须要有足够的积累，否则即使你再聪明，不努力也是无法获得成功的，不是吗？

你不可不知的道理

成功人士总结出来的成功公式是，成功＝艰苦的劳动＋正确的方法＋少谈空话。没有艰苦勤奋的劳动，成功是不会找到你的。勤奋不仅仅是身体上的勤奋，更是精神上的勤奋。勤奋靠的是毅力。勤学习、勤思考、勤探索、勤实践，才是天才最显著的标签。

延伸阅读

1742年6月7日，德国数学家克里斯蒂安·哥德巴赫写信给瑞士数学家莱昂哈德·欧拉，提出两个猜想：

1.任何一个大于2的偶数都可以表示为两个质数之和；

2.任何一个大于5的奇数都是3个质数之和。

1742年6月30日，欧拉在给哥德巴赫的回信中明确表示，他深信哥德巴赫的这两个猜想都是正确的，但他不能加以证明。

这就是著名的哥德巴赫猜想。

从哥德巴赫提出这个猜想至今，许多数学家都不断努力想攻克它，但都没有成功。200多年过去了，没有人能够证明它，也没有任何实质性进展。哥德巴赫猜想由此成为数学皇冠上一颗可望而不可即的明珠。目前最佳的结果是中国数学家陈景润于1966年证明的，称为陈氏定理："任何充分大的偶数都是一个质数与一个自然数之和，而后者最多仅仅是两个质数的乘积。"通常简称这个结果为"1+2"。

勤于思考才会让你更聪明

读书学习主要有两个目的：一是掌握知识，二是发展思维能力。我们往往对第一个目的更为关注，而忽略了后者。正因为如此，才出现了许多学习成绩较好但是思维能力较差的孩子。这样的孩子经常被视为"高分低能"。从另一个角度讲，这样的孩子更像是一个藏书架，自身不能真正地将知识运用起来，这样的孩子在走出学校以后会将所学的知识遗忘殆尽。因此，想成为一个优秀的男孩就要重视发展思维能力，时刻不忘思考。只有勤于思考，才能让人更聪明。

爱因斯坦说："学会独立思考和独立判断比获得知识更重要。不下决心培养思考习惯的人，便失去了生活的最大乐趣。发展独立思考和独立判断的一般能力，应当始终被放在首位，而不应当把获得专业知识放在首位。"

思考的时候，不仅是在接受知识，更是在理解知识，从中发现新的问题，学习到新的知识，甚至有所研究。养成认真思考的学习习惯，有利于对书本知识进行批判性吸收，可以防止"死读书"，提高个人的学习能力。养成认真思考的习惯还可以不断解开疑团，激发灵感，从而有所发现，有所发明，有所创造。在学习上勤于思考的孩子，长大后大多学有所成。

德国数学家高斯是近代数学的奠基者之一，有"数学王子"之称。高斯从小就对数学表现出极浓厚的兴趣，且非常善于思考，这种良好的思维习惯在他小时候就已经表现出来了。

高斯的父亲是泥瓦厂的工头，每到周末都要算账，以便给工人发薪水。那时，高斯刚刚3岁，看见父亲又在算账，准备发薪水，小高斯站起来说："爸爸，这个你算错了。"

小高斯指着记账簿上的一列，告诉爸爸他算出来的数字。爸爸虽然有些不相信，但还是再算了一次，果然，小高斯算出的数字是正确的。原来，在爸爸算账的时候，高斯一直在旁边看着爸爸是怎样计算的，然后就发现爸爸算错了。

高斯10岁的时候，数学老师给全班出了一道习题：从1加到100，结果是多少。这个题目现在看来十分简单，我们已经知道了它的计算公式，甚至这一类题目的公式都已经被人研究出来了。但是在当时，这是一道十分复杂的题目。当时的计算方法就是一个数一个数地相加，是极耗费时间的。因此当学生们听到这个题目时，便赶紧拿起笔计算起来。但是高斯并没有动手，他并不是想偷懒，他只是在想：一定要经过这么复杂的过程才能得出结果？难道就没有什么简便的方法吗？

于是高斯开始思考起来，准确地说他开始进行思维的谋划了，谋划的目的是要寻找一种能够成倍提高效率的策略。这个过程花去了相当于其他同学计算时间的一半。终于他看出了这个计算式中隐藏的规律，之后，他马上就计算出了结果。

这时候，老师注意到了高斯，问高斯为什么还不动笔计算。高斯说自己已经知道答案了，答案是5050。

老师十分诧异，问他是怎么这么快得出答案的。高斯告诉老师，他通过观察发现这一组数字中$1+100=101$、$2+99=101$……这样的等式一共有50个，因此这道题可以简化为"$101 \times 50=5050$"。

"真是太精彩了！"老师这样赞扬高斯。

少年高斯进行思维的谋划只用了别人解题所耗时间的一半，从而计算出"$101 \times 50=5050$"只需要1秒钟。从这里，你难道还看不出善于思考的优势吗？

法国思想家帕斯卡尔说过："人是一根会思想的芦苇。"人在自然界中是渺小和脆弱的，之所以能成为万物之灵长，就在于人会思考。

同样的，人与人之间的不同，从某种意义上讲就是思维方式的不同。如果你比别人更善于思考，掌握了比别人更好的思维方法，那么，你很有可能就是人群中的佼佼者。

· 你不可不知的道理 ·

成功的人往往都是勤于思考的，因为他们不会盲目跟随别人，不会鲁莽做出决定而导致严重的后果。做一个勤于思考的人，用智慧的眼光看世界，用睿智的大脑去思考，用灵动的心灵去感悟，我们最终的收获将会相当丰盈。

延伸阅读

卡尔·弗里德里希·高斯是德国著名数学家、物理学家、天文学家、大地测量学家。他有"数学王子"的美誉，并被誉为历史上极伟大的数学家之一，和阿基米德、牛顿、欧拉同享盛名。高斯的成就遍及数学的各个领域。他十分注重数学的应用，并且在对天文学、大地测量学和磁学的研究中也偏重于用数学方法进行研究。

争当第一名，永远坐前排

在生物学上，有这样一个现象：刚刚破壳而出的小鸡，会本能地跟在它第一眼看到的动物身后，并把它当成自己的母亲，即使是一只乌龟经过，小鸡也会把乌龟认作自己的母亲。更令人惊讶的是，一旦小鸡形成对某个物体的追随反应，就不可能再对其他动物形成追随反应。这个现象在生物学上被称为"印刻效应"。通俗地讲，小鸡只承认第一，无视第二。

这种现象不仅存在于动物世界，也存在于人类社会中。人们对最初接受的信息和最初接触的人都留有深刻的印象，尤其是对任何堪称"第一"的事物都具有天生的兴趣并有着极强的记忆能力。

每个人都可以列出无数个第一，比如，世界第一高峰、中国第一位皇帝、美国第一位总统、第一个登上月球的人，等等。但是人们对于第二、第三、第四……却不甚了解。因此，大多数人都希望当上第一，坐上第一的位置，永远被人记住。

因此，从读书时代起，男孩就应该有勇于争第一的信心和决心，这样，在未来的人生道路上，男孩才能赢得更多的"第一"。

"我一定要成为初一年级的第一名。不错，我，戴思聪，今天在夏令营里郑重承诺一定要成为初一年级的第一名。"

戴思聪只是一个普通的男孩，成绩不算好也不算坏，他能兑现自己的承诺吗？很多人持怀疑态度。

的确，在此之前，戴思聪自己也认为自己不行！他对于这样的承诺感到难以置信，但是从今以后戴思聪改变了自己的看法。

戴思聪即将升入初一，在今年的暑假参加夏令营。在夏令营中戴思聪遇到了一位老师，这位老师肯定地告诉大家："争当第一名，用心就能行。"

这位老师让所有的同学在纸条上写下自己未来的目标，戴思聪在纸条上这样写道："我，戴思聪，一定要成为我们学校初一年级的第一名。"

很多同学得知戴思聪的想法，认为不可思议，这时老师说："我以前曾经教过这样一个学生，他实现了自己的目标拿到了第一名。我那天到他家去，发现他在自己家中贴了很多写着'我要成为第一名'的纸条。他在看电视时，可以看到；在准备玩电脑时，可以看到；在打开冰箱时，可以看到；甚至蹲在马桶上，前面还是有这样的纸条。"

老师讲完这件事，包括戴思聪在内的所有同学都很激动，戴思聪捏着那张写着"要成为第一名"的纸条，暗暗发誓，自己一定要做到。

老师继续说道："有争当第一名的梦想，还要有为第一名而努力的行动。从每一个知识点、每一个重点、每一次考试开始，在初中的第一个学期，不放过任何一个难点。语文基础要打牢，数学要多练习，英语要不断积累。当然，健康也是很重要的，休息好才能学习好……"

在这次夏令营活动中，戴思聪和他的同学们都获益匪浅。

"争当第一名，用心就能行"，这是男孩们应该有的学习态度。人一旦有了梦想，再付出全身心的努力，那么他的梦想就容易实现了。

永远坐前排是一种积极的人生态度，它激发你勇往直前，促使你不断进步，登上成功的顶峰。无论做什么事情，一个人的态度决定他的高度，要当就当第一名，只有带着这样的想法，才能竭尽全力。

坐在前排，你会更投入；坐在前排，你可以少受干扰，集中精力学习、接受、创造和改变，你将收获更多；坐在前排，即使讲台上的演讲并不精彩，你的收获也将远远大于后面的人；坐在前排，你的身边会有更多出色的同行者激励你前行；坐在前排，便更有机会成为最优秀的人。

永远坐前排，争当第一名，对每个人都适用。在这个世界上，谁不期望坐前排？谁不期望自己获得成功？任何一个有理想、有抱负的人都应该有这样的想法。

当然，男孩也要明白想坐前排的人不少，前排的位置是有限的，真正能够坐到前排的人并不多。许多人之所以不能坐到前排，就是因为他们把"坐到前排"仅仅看成一种人生理想，而没有采取具体行动。那些最终坐到前排的人，之所以成功，是因为他们不但有理想，更重要的是他们把自己的努力变成了行动，他们为了这个目标付出了远远超于他人的汗水和心血。因此，男孩，你要想真的坐在前排，除了有理想更要有行动。

· 你不可不知的道理 ·

无论做什么事情都要力争一流，争取走在别人前面。人的平均潜力是自己估计的3倍，但是潜力的发挥不仅仅靠梦想，更要靠实际的行动。如果仅有梦想而没有行动，那么你充其量只是一名空想家。所以，想当第一名的男孩，不仅要坚持自己的梦想，更要放弃自己的空想，尽快地付诸行动。

延伸阅读

1910年，德国行为学家海因洛特发现了"印刻现象"，他指出刚刚破壳而出的小鹅竟会跟在它们最初看到的能活动的生物之后，并对其产生依恋之情。对此，海因洛特将这一过程解释为"铭刻作用"。其后他的学生洛伦茨在对雁鸭科动物，特别是在对小鸭的研究中，综合前人的研究成果，提出了"印刻效应"的概念。

学以致用，让学到的知识不断升值

春秋时期，有一个叫王寿的读书人，十分喜欢读书，并且爱书成癖，远近闻名。

传闻他除了吃饭和睡觉之外，剩下的时间都用来借书、抄书、看书、晒书，而他居住的地方到处堆满了书，以至于连下脚的地方都没有。他每天把书搬到院子里晒一遍，免得被虫蛀或发霉，还要定期检查翻看书中是否有脱落的文字，如果有，马上就会补上所缺的文字。许多年来，王寿就这样过着与书相伴的日子，自以为很充实。

后来，母亲去世了，王寿回家奔丧。他随身携带了五卷竹简，打算在途中翻看。当时王寿已经不再年轻，五卷竹简对他来说已经很重了。因此，每行走一段路，他便会累得喘不过气来，不得不停下来歇息，然后抽出竹简来读。

东周的一个叫作徐冯的隐士正好路过，看见王寿在大路上读书，很好奇，就询问王寿："敢问是王寿先生吗？"

王寿吃惊不小，自己并不认识这个人，他是如何得知自己姓名的呢？

徐冯告诉王寿，自己是东周的一名隐士，叫徐冯。王寿听说过这个人，于是便与徐冯畅聊起来。

王寿告诉他自己要回家为老母奔丧，不曾想书简过于沉重，不得不坐下来休息。

徐冯看了看王寿随身携带的沉重的书简，摇摇头，叹了口气说："无用。"

徐冯作了一揖，接着说："书是记载言论和思想的，言论和思想又是由人的勤奋思考而产生的，所以对聪明人的评价标准并不是以藏书的多少来衡量的，你为什么不去思考问题，形成思想，却要背着这么沉重的东西到处走呢？"

徐冯的话，犹如当头棒喝。王寿顿悟。

故事中的王寿就是我们常说的"书呆子""读书虫"或"掉书袋"。要想学到知识，我们的确应该读书，但是我们不能成为书的奴隶。学以致用才是最终目的，而且在运用中，知识的价值才能得到体现。

有人将决定成功的因素总结为三点：一是先天智商；二是学到的知识；最后一个，也是最重要的一个因素，就是将学到的知识在一个具体环境中去运用。第三个因素要求会学更要会用，充分地显示出学以致用的重要性。

现在我们也经常会走进这样的误区。很多人爱好学习，整天地埋头死学，但是到最后，不管学了多少，从来都没有真正地运用过，只是为了学习而学习，或者是为了分数而学习。带着这样的想法去学习，是学不到真正的知识的。这样的人在求学时代成绩再好，一旦走出校门却什么都不会。只有学以致用，才能真正地消化知识，也才能运用所学知识解决所遇到的问题。那些空有满腹学问、只会纸上谈兵的人，不但成就不了大事，还会耽误大事。

马谡是三国时期蜀国的一名大将。马谡小的时候便很有名，很会读书，和兄长们并称为"马氏五常"。马谡早年在荆州，刘备入川之后便跟随刘备，历任绵竹令、成都令、越隽太守等职务。诸葛亮很赏识才华横溢的马谡。

尽管连诸葛亮都很欣赏马谡，但是刘备对马谡还是有着自己的看法。马谡自称"自幼熟读兵书，颇知兵法"，但刘备认为马谡只是"纸上谈兵"，在实战中就会暴露出他的弱点，并且在临终前告诫诸葛亮不要重用马谡，但是诸葛亮并没有听从刘备的忠告。

公元228年，诸葛亮北伐，力排众议任命马谡为先锋，统领大军与魏将张郃大战于街亭。马谡只记得兵书上说"凭高视下，势如破竹""置之死地而后生"等几条兵法，而不听王平的再三相劝及诸葛亮的告诫，将军营安扎在一个前无屏障后无退路的山头之上，最后导致街亭失守，诸葛亮不得不带领整个蜀军退至汉中。这对以后的战争局面产生了非常不利的影响，马谡也因此被军法处置。

学以致用，最终是要学会怎样用。学习本身并不能带来价值，只有把自己学到的东西运用到实际中，才能创造价值。学习是一项投资，凡是投资都应该讲究投资回报率，而学习这项投资的回报率大小就取决于运用的程度。倘若一个人学了而不去用，那么学习就没有任何意义，甚至会变成一种负担。

一个有成就的人一定善于学习，更善于利用学到的知识，哪怕只是一点点，也能让它发挥很大的效用。而对于一个不善于运用的人，学习的意义就不大了。

男孩在一生的学习中都要明白一个道理，那就是要学以致用，否则，一生的学习就会如同王寿一般，徒劳无功，或者如马谡一样，成为"口上秀才"，最终害人害己。

· 你不可不知的道理 ·

学以致用，学是用的前提，用是学的归宿。学而不用，将知识束之高阁，就失去了学习的意义。因此我们要把学与思、知与行结合起来，把学到的新理论、新知识、新技能充分运用到生活中去。

延伸阅读

刘备，字玄德，涿郡涿县人，三国时期蜀汉开国皇帝，公元221～223年在位。刘备是西汉中山靖王刘胜的后代，后人也称他为刘皇叔。刘备早年丧父，以卖鞋子卖草席谋生。刘备在东汉末年因起兵讨伐黄巾军有功而登上汉末政治舞台，三顾茅庐后得到诸葛亮辅佐。公元208年与孙权联军大胜曹操于赤壁，其后夺取汉中击退曹操。建安二十四年（公元219年）七月，刘备自立为汉中王，公元221年，于成都称帝，建立蜀国。公元223年，因病去世。小说《三国演义》中刘备的形象是仁民爱物、礼贤下士、知人善任的蜀国君主。

向每个人学习，但不要模仿任何人

加拿大麦吉尔大学的亨利·明茨伯格教授，被认为是彼得·德鲁克以后最伟大的管理思想家，他在中国进行演讲时，针对中国的许多企业和企业家向美国学习的情况，给中国的企业家们提出建议："向每个人学习，但不要模仿任何人。"

学习是一种非常好也非常必要的态度，但模仿是一种危险的趋势。向他人学习，保持一颗谦逊的心做人做事，会让我们取得更大的成就。可是，大部分时候我们并不缺乏学习，而是缺乏发现和思考的能力。没有这种能力，我们只顾闷头学习，慢慢就会变得亦步亦趋，从而迷失在他人的身影后面，最后找不到自我。俗话说，"尺有所短，寸有所长。"只有我们客观地看待自己和别人，才不会陷入目空一切或盲目模仿的境地。

清代有两个书法家，其中一个极其认真地模仿前代书法家，每一笔每一划，甚至连笔锋都要一模一样。每当他写一个字，就会反复确认自己这一撇是不是柳公权的，那一捺是不是颜真卿的，这一点是不是王羲之的。自然，他对自己是严格要求的，也颇为得意。而另外一个书法家完全与他相反，每一笔都力求写出自己的风格，讲究自然，只有练到了这一步，才觉得心里踏实。

哪一个更高明呢？看他们的对话。

第一个书法家对第二个书法家说："请问仁兄，你的书法哪一笔是古人的呢？"

第二个书法家淡淡说道："请问仁兄，你的书法哪一笔是你自己的呢？"

第一个书法家听了，张口结舌。

第一个书法家没完没了甚至如同患有"强迫症"似地严格要求自己模仿古人的笔迹，实际上只是一种重复，毫无创造性可言。而第二个书法家则孜孜不倦地钻研，形成自己独特的风格，做到了"我就是我"，所以第二个书法家更容易获得成功。

当年，西施美貌，举国称赞，尤其是当她"捧心蹙眉"时人们认为最柔美。同村的东施，便学起了西施蹙眉，结果反而变得更丑了，成为笑柄。

更有甚者，燕国寿陵有一位少年，觉得邯郸人走路非常潇洒好看，就到邯郸去学走路，没想到邯郸人的步子没有学会，最后反倒忘记了正常的步子该如何走了，结果只能爬回家去。

与东施、学步少年不同的是，喜剧大师卓别林刚开始演电影的时候导演让他模仿别的谐星，但是就算他模仿得再好也没有获得成功，直到他警觉，开始做自己，创造出了一个新的适合自己的形象和表演风格，才走出一条符合自己的艺术道路并成为电影艺术大师。因此，只有找到自己，走创新道路的人才能获得真正的成功。

做自己，不要模仿别人，这也是一位智者对乔治·盖希文的忠告。

当时盖希文还只是一名默默无闻的年轻作曲家，但是他的才华被享誉美国的作曲家欧文·柏林所赏识，柏林愿意付盖希文当时3倍的薪水以聘请他当自己的音乐秘书，并承诺会给他一些音乐指导。

盖希文很高兴，认为自己能够被一位著名作曲家赏识是一件无比荣耀的事情。但是正当盖希文准备答应柏林的时候，一位智者却阻止了盖希文，他说："不要接受这份工作，如果你接受了，最多成为欧文·柏林第二，但要是你能坚持下去，有一天，你一定会成为乔治·盖希文第一。"

盖希文接受了智者的忠告，后来果真成为极其著名的作曲家，并且形成了自己鲜明的音乐风格。

男孩需要不断地向别人学习，这样才能弥补自己的不足，加强自己的优势，才能进步。但是学习不是模仿，模仿最好的结果也只是复制别人的成功。男孩要有独辟蹊径的勇气，要有创造的精神，而不是亦步亦趋地跟在别人身后。

你不可不知的道理

不要把别人的赞赏与否作为你行为的标准，一个人做任何事情，都不要刻意模仿别人成功的做法或者追随他人的脚步，而是要根据自己的实际情况，走出自己的风采。每一个人都是独立的自我，与其花费大量的时间和精力去模仿，不如找出自己的所长，尽最大能力发挥。生命永远值得期待，每天都蕴含着太多的可能，而每个人身上却蕴藏着无限的潜能，有时候，山重水复疑无路之际，你需要做的就是向自己挑战。

延伸阅读

查理·卓别林是电影史上最著名的喜剧大师。1914年2月28日，头戴圆顶礼帽、手持竹手杖、足蹬大皮靴、走路像鸭子的流浪汉夏尔洛的形象首次出现在影片《阵雨之间》中。这一形象也成为卓别林喜剧片的标志，风靡欧美20余年。从1919年开始，卓别林独立制片，此后一生共拍摄80余部喜剧片，其中著名的影片有《淘金记》《城市之光》《摩登时代》《大独裁者》《凡尔杜先生》《舞台生涯》等。卓别林奠定了现代喜剧电影的基础，他戴着圆顶硬礼帽和穿礼服的模样成了喜剧电影的重要标志。

挫折不是惩罚，而是学习的机会

他6岁的时候，父亲离开了人间，母亲为了让他和兄弟姐妹不至于挨饿受冻，一个人干了两份工作。几年过去了，他一直帮着母亲照顾弟弟妹妹，为他们做饭，给他们洗衣服。13岁的时候，他和继父吵了一架，然后一个人搬出去住，并在农场里找了一份工作。后来他还做了一段时间电车售票员。直到16岁，他参了军，在古巴当了一年兵。退伍后，他回到老家，娶妻生子。他的一生似乎就要这么平淡地过下去了，然而命运却给了他更多的磨难，让他一次次遭受挫折。

他先经营了一家专门生产煤油灯的公司，而在此之前电器早已普及到了国家的每个角落，没有事先做好调查而贸然行事，使他的生意惨败。后来，他又学习法律，并且成了一名律师。但不幸的是，一次在法庭上他冲动地打了一名客户，所以被律师事务所开除。最后，他开了一家加油站，由于见到顾客常常询问附近哪有餐厅，他又在加油站旁开了一家餐厅。这一次，貌似好运已经降临到他的身上，小餐馆的生意越来越红火，后来变成了有142个座位的大型餐馆。顾客们很喜欢他提供的家常食品，这时候可以用事业有成来形容他的状况。但当他试图通过发展连锁店的方式扩大规模的时候，他又一次失败了。可是他并没有消沉，而是积极总结经验教训，搬到北卡罗来纳州，在那里重新开了一家餐厅和汽车旅馆。然而，他还是失败了。

男孩，或许你已经不记得这是他的第几次失败，好像他的人生生来就是为失败做准备的。可是，他并没有向命运屈服，而是不断地从失败中总结经验教训。

后来，他又集资开了一家汽车旅馆，这一次他成功了。直到第二次世界大战爆发，由于人们出行的减少，他的生意再一次面临失败。此后不久，他与妻子离婚了。但在事业上，他仍在不断挖掘着各种可能性。

战争结束后，他又重新开始经营自己的餐饮生意。这一次的成功，几乎是他事业的巅峰。到20世纪50年代初，他的餐饮企业已经价值165万美元，他开始出售餐馆的经营权。然而，命运再次捉弄了他。

因政府兴建一条高速公路，恰巧路过他所在的城镇，他又一次破产。最终他以75万美元变卖了资产，并且要用这些钱来清偿债务。66岁的时候，他又倾家荡产，身无分文。可是，他仍然没有倒下。

男孩，试想如果换作是你，如果你的命运中潜藏着这么多的挫折和考验，你会怎么做？也能像这个值得尊敬的人一样，总结每次的经验教训，然后精神抖擞地再次出发吗？试问，男孩，你认为自己能做得到吗？失败不是最终的归宿，如果你把失败当作学习的机会，你一定可以在失败的经历中找到使自己进步的机会。失败是财富，失败是千金难买的经验，失败是别人教不了你的人生学问。

显然，这个值得尊敬的人深谙这个道理。后来，他自己开着车走遍全国的大街小巷，向所有愿意与他打交道的人介绍并推销自己的烹饪方法和食谱。虽然很多高级餐馆都拒绝了他，但是还是有很多的小餐馆、家常餐馆接受了。每售出一份，买家就支付给他5美分。4年后，他拥有了400个特许经营商。又过了3年，除了税收，他所赚的纯利润已达30万美元，再过了一年，他以200万美元的价格出售了自己的企业。目前这个企业有超过11000家连锁店，遍及80多个国家和地区。他就是大名鼎鼎的哈兰德·大卫·桑德斯上校——肯德基的创始人。

男孩，相信肯德基已经成了你生活的一部分。了解了肯德基的历史，再次走进去的时候，会不会有一种别样的情愫呢？我们知道的大部分版本是，桑德斯上校在66岁的时候创建了这个伟大的企业，但是很少有人知道，在这之前，桑德斯上校经历了那么多次的失败和打击。我们能从桑德斯上校的身上学到什么呢？挫折并不可怕，可怕的是被挫折吓破了胆，再没有前进的力量，可怕的是看不到挫折给我们带来的进一步学习进步的机会，可怕的是在挫折面前就此止步。挫折不是命运的惩罚，它也许是在为你提供攀登的台阶。

男孩，丢掉一帆风顺的幻想，从挫折中学到使自己走向成功的秘诀吧！

· 你不可不知的道理 ·

亨利·福特说过："失败只不过是一次重新开始的机会，它能让你更理智地利用这次机会。"男孩要记得从失败中总结经验，从挫折中看清自己的不足和需要学习的地方，从挫折中找准下一次前进的方向。那么，谁能说这不是一种成功呢？

延伸阅读

　　肯德基（KentuckyFried Chicken，肯塔基州炸鸡），简称KFC，是美国跨国连锁餐厅之一，也是世界第二大速食及最大炸鸡连锁企业，由哈兰德·桑德斯于1930年在肯塔基州路易斯维尔创建，主要出售炸鸡、汉堡、薯条、蛋挞、汽水等高热量快餐食品。

5 勇气不是谁赐予的

Chapter

励志大师卡耐基曾经这样激励年轻人："要勇敢一次！整个生命就是一场冒险。走得最远的人，常是愿意去做并愿意去冒险的人。"只要你勇敢，世界就会让步。有时它会战胜你，但只要你不断地勇敢再勇敢，世界总会向你屈服。

勇敢是挑战者的圣经：幸运常常垂青勇者

美国保险业奇才、联合保险公司董事长卡耐基·克里曼·斯通就是一个勇于面对困境、不达目的誓不罢休的人。

斯通很小的时候父亲就去世了，母亲没有工作，只能靠替人缝补衣服来维持基本的生活。小斯通虽然年龄小，却十分懂事，为了帮助母亲分担生活的负担，他就出去帮人贩卖报纸。有一次，他走进一家饭馆叫卖报纸，被餐馆的老板恶狠狠地赶了出来。之后，他趁老板不注意的时候，又悄悄地溜进去继续卖报纸，气恼的老板发现后一脚把他踢了出去。可是斯通并不像别的孩子那样哭着回家找母亲诉说，而是爬起来，揉了揉屁股，手里拿了更多的报纸，再一次溜进了餐馆。餐馆的客人们看到如此小的孩子就有这样的勇气和执着精神，纷纷劝餐馆老板别再赶他，并纷纷买他的报纸。

男孩，或许这时候你回想起了生活中自己的种种勇敢之举。当然，这里说的勇敢，不是意气用事时的莽撞，不是逞一时之勇的豪气，不是为了炫耀而逞强时的故作姿态。那么，什么是真正的勇敢呢？勇敢是敢做敢当，勇于承担责任。勇敢和坚持相辅相成，当需要坚持真理的时候，你坚持做自己认为对的事情，不随波逐流；当面对困难的时候，你敢于正视困境并积极乐观地想办法来攻克难关。

对勇敢的诠释，还流传着这么一个故事：一个老板要招聘雇员，有三个人来应聘。老板对第一个应聘者说："楼道里有一块玻璃窗，你用拳头把它击碎。"应聘者没有一点儿疑问地执行了，庆幸的是那不是一块真的玻璃，不然他的手就会严重受伤了。老板对第二个应聘者说："这里有一桶污水，你把它泼到清洁工的身上去，她正在楼道拐角处的小屋里休息。你不要说话，推开门直接泼上去就行了。"第二个应聘者也照做了，交差时老板告诉她那只不过是坐着的蜡像。老板对第三个应聘者说："大厅里坐着一个胖子，你去狠狠地打他一拳。"第三个应聘者盯着老板的脸说："对不起，我没有理由去打他，即使有理由，我也不可能用击打的方法。我知道我不听您的指令可能会导致不被您录用，但即使这样，我也不会执行您这个命令。"此时，老板宣布，第三个应聘者被聘用了。理由很简单，他是一个勇敢的人，也是一个理性的人。他有勇气不执行老板荒唐的命令，当然也有勇气不执行其他人荒唐的命令。不敢反对错误的"勇敢"，只能是一种愚不可及的鲁莽行为，这离真正的勇敢很远！男孩，这个故事告诉我们，勇敢是有原则的勇敢，而不是言听计从的莽撞。

与那位老板一样，戴高乐将军也碰到过这样的勇敢者。1965年，巴黎的学生和市民纷纷走上街头要求当时已经就任总统的戴高乐立即下台。当时，戴高乐将军无计可施，只好来到德国的巴登——法国驻德司令部设在这里。戴高乐要求驻德法军司令带兵回到巴黎去处理此次事件，但是那位驻德司令两次都拒绝了他的命令，还劝说他放弃这个想法。后来，戴高乐将军非常感激这位司令，称赞他勇敢地拒绝执行他的命令。他还写信给那位司令的妻子，说这是上帝在他无能为力的时候让他来到了巴登，又在上帝的指引下见到了那位司令。不然，他就成了历史的罪人。勇敢者，在坚持自己的时候，既成就了别人，同时也成就了自己。

上述几个勇敢的人，无疑在现代人眼里都取得了成功。是的，他们是成功的！那么下面说的这个6岁的小男孩，我们也有理由相信，他未来会是一个成功的人。

在"卡特里娜"飓风袭击新奥尔良3天后，卡特里娜·威廉斯决定必须从被洪水围困的家里撤离。当时只有一架小型的直升机，因为座位不够，他只能先让飞行员将几个孩子带走，回头再来接他和妻子。尽管不愿意和幼小的孩子们分离，但是看着不断上涨的洪水，他流着泪将6岁的大儿子德蒙特和5个月的小儿子达罗尼尔送上直升机，此外还有他们的两个表兄弟和邻居家的3个小孩，年龄从14个月到3岁不等。6岁的德蒙特自然成了他们中的孩子王。

后来，德蒙特说起自己第一次坐飞机的情形很兴奋，他说："它的声音很大，当我往下望时，我看到所有的房子都被洪水淹了。那些小孩们哭得一塌糊涂，但我没哭。"当直升机降落在地势较高的考斯威大街时，这几个孩子在混乱中迷了路。这时，德蒙特头脑特别冷静，并表现出极大的勇气。他紧紧抓住弟弟的手，并让那些穿着纸尿裤的孩子们一个一个拉着手。当救援人员发现他们的时候，7个小孩没有走散，也没有受伤。救援人员认为他们是孤儿，将他们送到了临时避难所。

在避难所里，德蒙特再次让人感到惊喜。这个6岁的小男孩将父母的姓名、地址、电话号码和许多有用信息告诉了工作人员，最终这7个孩子和他们的父母在圣安东尼奥团聚。说起自己的儿子，母亲卡特里娜说："当我听说他做的事情后，我感到很惊讶，同时为他骄傲。我告诉他，你是个小英雄。"德蒙特也高兴地说："人们叫我英雄的感觉真好。"他现在在圣安东尼奥小学学习，他说自己喜欢艺术、科学和篮球，也许有朝一日，他会成为一名优秀的联邦紧急情况管理员。

男孩，我们要坚信，幸运总会垂青那些真正勇敢的人！

你不可不知的道理

生活中总是有一扇扇虚掩的门，人们因为害怕未知的世界，而不敢去打开它，止步于此，不敢前进，放弃了对成功对梦想的追寻。真正有梦想的人，会做一个勇者，勇敢地推开那扇虚掩的门，勇敢地接受未知世界的挑战。而真正打开那扇虚掩的门的动力，就是我们的勇气。

延伸阅读

飓风"卡特里娜"于2005年8月中旬在巴哈马群岛附近生成，在8月24日增强为飓风后，于佛罗里达州以小型飓风强度登陆。随后数小时，该风暴进入了墨西哥湾，在8月28日时迅速增强为5级飓风。风暴潮造成了灾难性的破坏，造成最少750亿美元的经济损失，成为美国历史上破坏性最大的飓风，也是自1928年"奥奇丘比"飓风以来在美国造成死亡人数最多的飓风。

"引爆野心"——好士兵都想当将军

法国有一个年轻人很穷，生活十分艰苦。后来，他找到了一份推销装饰画的工作，在不到10年的时间里，成为一名年轻的媒体大亨，之后迅速成为法国50名大富翁之一。这位富翁去世后，报纸刊登了他的一份遗嘱。

在这份遗嘱中，他说："我曾经是一个穷人，在以一个富人的身份进入天堂前，我想将自己致富的秘诀留下。谁如果能够回答出'穷人最缺少的是什么？'这个问题，就能知道我成功的秘诀，他将得到我的祝贺和留在银行的100万法郎奖金，我将在天堂给予他欢呼和掌声。"

遗嘱一刊登出来，便有4万多人寄来了自己的答案。答案五花八门：绝大多数人回答"穷人最缺少的是钱，有了钱，便不再是穷人"；有一部分人认为"穷人之所以穷是因为缺少机会。一旦获得机会，穷人就有可能成功"；还有一部分人认为"穷人没有技能，有一技之长就能迅速致富"……这些人等待着富翁的答案。

在富翁逝世一周年纪念日，富翁的律师和代理人在公证部门的监督下，打开了银行保险箱，公布了他致富的秘诀。富翁的答案是："穷人最缺少的是成为富人的野心。"

在4万多份答案中，有一个年仅9岁的女孩答对了。这个小女孩在接受100万法郎的遗产时说："每次，我姐姐把她11岁的男朋友带回家时，总是警告我不要有野心。于是我想，也许野心可以让人得到自己想要的东西。"

答案公布的时候，震惊整个欧美。一些富翁在谈论这个答案的时候，均毫不犹豫地承认："野心是永恒的'治穷'特效药，是所有奇迹的起点，穷人之所以穷，是因为他们有一种无可救药的缺点，也就是缺少致富的野心。"

拿破仑曾经说过："不想当将军的士兵不是好士兵。"每个人都应该有一定的野心，这种野心是进取心，是前进的动力。有时候，成功只需要一点儿野心。

男孩更需要一点儿野心。男孩要有独占鳌头的勇气，男孩要有力争上游的决心，男孩要有成功的魄力。具有野心的男孩壮志凌云，具有野心的男孩拒绝平庸，具有野心的男孩努力实现人生价值，具有野心的男孩最终会成为优秀的人。

莎士比亚说："假使我们自己将自己比作泥土，那就真要成为被人践踏的东西了。"一个人应该有野心，有野心的人才不会将自己看成泥土，才不会任人践踏。具有野心并为自己的野心努力奋斗的人让人尊敬。

英国现代新闻事业创始人北岩勋爵，小时候生活贫困，后来他通过自己的努力在《泰晤士报》获得了工作机会。但是他并不满足赚90英镑周薪的待遇，也不满足于人人称羡的《伦敦晚报》，当他拥有《每日邮报》的时候，他还想要取得《泰晤士报》的拥有权。最终，他实现了目标，而且还被封为勋爵。

这位爵士最不喜欢生平无大志的人。有一次，他问一个服务满3个月的助理编辑："你满意你现在的职位吗？你满意50英镑的周薪吗？"那位职员答复他说"很满意"。爵士很失望地说："你应该了解，我不希望我的手下每周有50英镑的薪金就满足了。"爵士最后解雇了这个助理编辑。

安于现状的人，一心想的是将现状维持下去，这样最好的结果就是原地踏步，但是当你原地踏步，而别人在前进的时候，你一样是退步的。维持现状的想法是"守"的态度，这样下去终究会演变成消极的态度，从而令人失去积极性和前进的动力。具有野心的人不甘于平庸，不甘于目前所取得的进步，而是向着更高、更远的目标前进。

你不可不知的道理

登到半山腰的人俯视山下，感觉自己已经很高了，所以停止了努力，这样他永远看不见山顶美丽的风光，他同山底那些人并无两样，都是平庸的人。平庸的人之所以平庸是因为满足现状。很多人一旦到了一定的高度或舒适安逸的位置，便停止了努力，这样也就难以成功。成功有时只需要一点儿野心。如果你做得很好了，一定要追求更好，要时时努力超越自己。

延伸阅读

北岩勋爵是英国现代新闻事业的创始人，原名艾尔费雷德·查理士·威廉·哈姆斯沃斯。1905年受封为勋爵，有"舰队街拿破仑"之称。哈姆斯沃斯生于爱尔兰一个穷困的律师之家，幼年跟随父母定居伦敦。中学时期就主编过校刊，15岁起在一家报社做杂活，17岁成为《青年》杂志的助理编辑，并为《晨邮报》和《圣詹姆公报》撰稿。1884年在《旅行》杂志工作了18个月，很受领导器重。1888年他创办了《回答读者投书》杂志。1894年8月，他购买了濒于倒闭的伦敦《新闻晚报》，致力于新闻改革。他了解新读者的兴趣，主张新闻写作要简练易懂，并应用底图、照片注解报道新闻。1896年，他创办《每日邮报》取得了巨大的成功，这份报纸后来成为世界上极有影响力的报纸之一。1907年，北岩勋爵以32万英镑的价格得到了因债务而被迫出售的沃尔特家族经营的《泰晤士报》的控制权，在他实施了一系列改革措施之后，《泰晤士报》也取得了巨大的成功。

不展翅，就永远失去飞翔的机会

男孩，当你决定追随着自己的野心开始启航的时候，先高声朗诵一下生命即将呈现的奇迹：

不要蝴蝶的娇柔，

不要蜻蜓的轻狂，

不要蒲公英的随性，

不要候鸟的彷徨。

我的翅膀只能是雄鹰的翅膀，

我的向往只能是雄鹰的向往。

任疾风骤雨，任山高路长，

我目穷千里，我心驰八荒。

给我翅膀，给我翅膀，

我是希望啊，我要飞翔……

那么，现在一切就绪，就飞吧！

我们常听到这样的话："人人都有梦想，人人都梦想过。"然而并非所有的人都能实现自己的梦想，也并不是所有的梦想都能被实现。林语堂先生对此这样论述："区别在于有些人的梦想比别人更为清晰，而且他们有一种使梦想实现的力量；而另一方面，当我们年纪较大的时候，我们把那些较不明晰的梦想忘掉了。我们一生想把我们幼年时候的那些梦想说出来，可是'有时候我们还没有找到就已经死掉了'。"这段话说明，梦想的实现并不是一帆风顺的，展翅飞翔的过程中，自然会遇到风吹雨打，关键看你用什么样的心态去对待困难，关键看你能不能坚持自己的梦想。

如果孔子偏安于一隅，那么可能今天我们就不会知道孔子是何许人了，他也只是历史长河芸芸众生中的一员。他为了自己的理想背井离乡14年周游列国，有很多次遇到了敌人的拦截，甚至有一次被围困在郊外断粮七日。当他的门徒开始发出不满时，他竟然唱起歌来。到了郑国的时候，他和弟子走散了，孔子就一个人站在东门外等候。有个郑国人告诉子贡说："东门站着一个人，前额长得像尧，脖子像皋陶，肩膀像子产，可是腰部以下又比禹要短三寸，又瘦又疲惫像条无家可归的狗。"子贡后来把原话告诉孔子，孔子只是坦然地笑笑说："说我的形象像个大圣贤，那未必。不过说我像条无家可归的狗，倒是说得对呀！"孔子为了自己的理想，踏千山，过万水，对挫折和磨难的态度只是付之一笑。

说起"飞机之父"，我们最熟悉的就是美国的莱特兄弟，如果你不是飞机迷的话，阿尔贝托·桑托斯·杜蒙这个名字，可能你根本不知道。

1873年，杜蒙出生于巴西，小时候，他经常在父亲的咖啡种植园里凝望天空，陶醉于法国作家儒勒·凡尔纳的小说《从地球到月球》。1891年，18岁的杜蒙跟随父亲来到巴黎，学习化学、物理、航空和机械，梦想成为儒勒·凡尔纳笔下的飞天英雄。

1897年，杜蒙首次尝试乘坐热气球飞行，成功升空的快乐使他迅速投入到热气球的研制当中。1898年3月23日，杜蒙制造出世界上第一个载人氢气球，在机械师的陪同下，他飞行了两个多小时。此后，他制作了好几个热气球和飞艇，经常驾驶着它们在法国各地飞翔。当然，过程中险情频发，他自己也多次受伤，但是这些都未能阻止他挑战蓝天的决心。1901年10月19日，杜蒙驾驶着他研制的6号飞艇围绕埃菲尔铁塔飞行一周并返回原地，这次飞行耗时29分30秒，飞行距离12千米，引起了巨大的轰动。他征服了巴黎人的心！他掀起了杜蒙飞行热！他声名远播，1904年还应邀赴美国访问，受到罗斯福总统的接见。

　　男孩，如果当初杜蒙只满足于仰望农场上面的天空，如果杜蒙只是在阅读《从地球到月球》时幻想着梦想的飞翔，如果他没有为此储备应有的知识和能力，如果他没有把自己的小发明拿出来示人，如果……

　　但这些"如果"都不是事实，不是吗？

　　男孩，你还记得这个问题吗："应该做一个什么样的人？"

　　听听巴金先生是怎么回答的。巴金先生说："做一个战士。战士是不知道灰心和绝望的，他甚至在失败的废墟上，还要堆起破碎的砖石重建九级宝塔。任何打击都不能击破战士的意志，只有在死的时候才闭上眼睛。战士是不知道畏缩的，他的脚步很坚定。他看定目标，便一直向前走去。他不怕被绊脚石绊倒，没有一种障碍能使他改变心思。假象绝不能迷住战士的眼睛，支配战士行动的是信仰。他能够忍受一切艰难、痛苦，最终达到他所选定的目标。除非他死，人不能使他放弃工作。"

　　人生的意义重要的不是你所得到的，而是你所付出的。我们的一生不是因为偶然而变得重要，不是因为环境而变得重要，而是我们为此而付出的行动，是行动点燃了生命的意义。

你不可不知的道理

　　"理想是人生的太阳。"可是要想实现自己的理想，只想着天上会掉馅饼是不可行的，最终我们要把理想付诸行动。大发明家爱迪生曾经说过："天才等于99%的汗水加1%的天生智慧。"或许爱迪生在这个公式里故意省略掉了理想，但是正是源于他自始至终对理想的坚持，他才付出了99%的汗水让理想变成现实。

延伸阅读

巴金，原名李尧棠，中国现当代著名文学家、出版家、翻译家。他在文章《做一个战士》中回答了青年人"应该做一个什么样的人""怎样对付生活"的问题。

男孩，用热忱点燃奇迹

热忱在希腊语中意为"神在其中"。我们不是要在此探讨有关有神论或无神论的话题，而是说，若你凡事均饱含热忱，那将会犹如神助般创造生命的奇迹。

1907年对法兰克·派特来说无疑是糟糕透顶的。那一年，他刚转入职业棒球界就遭到了有生以来最大的打击——他被开除了！只因为他动作无力，看起来没什么发展前途，球队的经理有意让他走人。球队的经理对他说："你这样慢吞吞的，哪像是在球场混了20年的？法兰克，离开这里之后，无论你到哪里做任何事情，若提不起精神，你将永远没有出路。"

离开之后，法兰克参加了亚特兰斯克球队，月薪也从原来的175美元减少到25美元。这下，他当然更没有激情了，但他还是决心试试。大约10天后，一个名叫丁尼·密亨的老队员把他介绍到新凡。

在这里没有人知道他的过去，法兰克决定让自己变成英格兰最具热忱的球员，并付诸行动。一上场，他像全身带电一样，强力地投出高速球，使接球的人双手都感到麻木。有一次，法兰克以强烈的气势冲入三垒，那个防守方的三垒手吓得只有呆呆地站在那儿，没有接球。法兰克盗垒成功。他在39℃的高温下，绕着球场奔跑，在场的人都担心他会中暑倒下去，然而他没有，他的热忱似乎抵挡了高温的炙烤。

因为他的热忱，法兰克的月薪由25美元提升为185美元。接下来的两年，法兰克一直"霸占"着三垒手的位置，薪水也涨了30多倍。法兰克自己说："只是因为一股热忱，没有别的原因。"

后来，他因手臂受伤，不得不放弃打棒球。接着，他到菲特列人寿保险公司当保险员，第一年他没有什么成绩，一度苦闷不已。但后来他又用热忱成为人寿保险界的大红人。有人请他撰稿，有人请他演讲。他在演讲的时候说："我从事推销已经15年了。我见过许多人，由于对工作抱着热忱的态度，他们的收入成倍地增长起来。我也见过一些人，由于缺乏热忱而变得走投无路。我深信唯有热忱的态度，才是成功推销的最重要的因素。"男孩，我们看到的是，法兰克用满腔的热忱挽救了自己的职业生涯，并为自己开辟出了一片新天地。

成功学大师拿破仑·希尔也从母亲那里学到了这一法宝——热忱。

在一个雾蒙蒙伸手不见五指的夜晚，拿破仑·希尔正与他的母亲从新泽西乘船到纽约。望着雾蒙蒙的夜色，拿破仑·希尔有些沮丧，然而他的母亲却十分高兴地说道："这是多么惊心动魄的景象啊！"

"这有什么奇特的？"拿破仑·希尔不解地问道。他觉得那是再正常不过的景象。

母亲并没有受到他态度的影响，依旧满怀热情地说："你看那浓雾四周若隐若现的光芒，还有消失在雾中的船带走了令人迷惑的灯光，多么不可思议。"

或许是被母亲的热忱感染了，拿破仑·希尔真的感受到浓雾背后有种神秘的魅力。瞬间，一颗灰暗的心渐渐鲜活起来。

母亲慈祥地注视着他说："我从没有放弃过给你忠告。无论以前的忠告你接不接受，但是这一刻你一定得听，而且要永远记住，那就是：世界从来就有美丽和兴奋存在，它本身就是如此动人、令人神往，所以，你自己必须对它敏感，永远不要让自己感觉迟钝，嗅觉不灵，永远不要让自己失去那份应有的热情。"

他记住了，也试着去做了，这颗热忱的心鼓舞了千百万人，他本人也被称为"百万富翁的创造者"。

男孩，你封存你的热忱了吗？你应该知道，"封印"总有一天是会失效的，在它遇到"合适磁场"的时候，它就会喷涌而出。可是为什么要等待那所谓的磁场，做一个被动的磨盘呢？男孩，这是你的生活，你的地盘你做主，请尽情释放热忱，挥洒青春，让生命绽放奇迹之花吧！

男孩，热忱犹如人的灵魂，它散发出一股由内到外的热情，对人的热情、对事的热情及对生命的热情。卡耐基也说过，热忱是内心的神。一个人如果没有热忱，有再大的能力也是发挥不出来的。热忱是生命的催化剂，它能够点燃我们的生命之火。正如野马脱缰奔跑时一样，人的潜能只有在用热情冲破心灵的羁绊时才能点燃生命的烈火！

· 你不可不知的道理 ·

　　热忱是一种精神特质，它代表了一种积极向上的精神力量，善于激发自己的热忱的人，也会将其转变成巨大的力量，从而创造属于自己的生命奇迹。当你觉得一件事情值得做时，那就付出全部的热情和努力吧！全身心地投入其中，把它当作你的特殊使命，植根在你的脑海里，剩下的就是等待奇迹的发生。

延伸阅读

　　拿破仑·希尔是现代成功学大师和励志书作家，曾经影响千百万读者。他的著作《成功规律》《人人都能成功》《思考致富》等被译成20多种文字，在30多个国家和地区出版发行，畅销200多万册，数以万计的政界要员、巨商富豪都是他著作的受益者。

敢"异想"，则"天开"：打开那扇虚掩的门

　　从前，有一位国王决定出一道题考考他的大臣们。他把所有的大臣带到一扇巨大的铁门前面，对大臣们说："这是我们王国中最大的一扇门，

你们之中有谁能把他打开吗？"

众大臣看着这扇铁门，纷纷摇头。

有的大臣说："这扇门这么大，又是铁做的，肯定很重，一个人怎么能够推开？"也有的大臣说："这扇门一直没有打开过，生满了锈，肯定是打不开的。"还有的大臣说："这扇门后面肯定锁着呢，是推不开的。"有一位年老的大臣说："我已经年迈了，怎么有力气推开这么一扇大铁门？"

因此，有一部分大臣只是装腔作势地上前看了看，但是并没有动手，因为他们不想当众出丑，还有一部分大臣不清楚国王的用意，认为静观其变才是最稳妥的做法。

当大臣们正在冥思苦想、踌躇不前的时候，国王7岁的儿子跑了过来，他见父亲和大臣们都看着那扇大铁门，一时好奇，走到大门前面，用小手一推，大铁门忽然打开了。

小王子走了进去。

原来，这扇门本来就是虚掩的，根本没有锁。

一个7岁的孩子能够将它推开，而那些大臣们却没有将门打开，是因为大臣们缺少打开这扇门的勇气。

一扇关着的门，后面是一个未知的世界，而有的男孩总是害怕未知，认为熟悉的才是安全的，生怕打开门后，跑出洪水猛兽将自己的生活破坏，所以不敢将门打开。不去开门的男孩，总是生活在自己的狭小圈子中，没有进步，没有成功，生活一成不变，犹如一潭死水。这样的男孩，即使有了梦想也无法实现。真正有梦想的男孩，会做一个勇者，勇敢地推开那扇虚掩的门，勇敢地接受未知世界的挑战。打开那扇虚掩的门的钥匙，就是我们的勇气。

　　踩着别人足迹走路的人永远不会留下自己的脚印，独辟蹊径的人才能创造出伟大的业绩。男孩就是要敢于冒险，这样才能走出一条属于自己的路，这样的路才有可能将你带向成功。

　　在商界，皮尔·卡丹绝对可以称得上是一位传奇人物。他的传奇在于他的奋斗历程，他几乎是赤手空拳地开创了一个商业帝国，而他的成功绝对源于他的勇敢。

　　1950年，皮尔·卡丹只身闯荡法国时装界。当时各大服装公司，尤其是那些高级时装公司都把目光集中在少数贵族的身上，这些服装公司服务于上层社会的名门望族和富商巨贾。

　　但是，皮尔·卡丹并没有同这些服装公司在富人身上展开竞争，而是决定走"让高雅大众化"之路。他的这一口号在法国时装界无疑是一声惊雷，引起了巨大的轰动。皮尔·卡丹的决定是正确的，这一口号得到了法国大部分民众的支持。

　　在皮尔·卡丹的事业稳步发展的时候，他也没有忘记开拓创新，他总是在谋求新的道路，始终以创新冒险的精神迎接市场的挑战。他设计的时装敢于突破传统，样式新颖、富有青春感、色彩鲜明、线条清楚、可塑感强。他的许多时装被推举为最创新、最美丽和最优雅的代表作。他专门为女性生产了一系列质量上乘、风格高雅、价格适中的成衣，这些衣服既可以穿在温莎公爵夫人身上，也能让这位夫人的女仆买得起。后来他不满于几百年来法国时装界男装的缺席，因此举办了第一届男士服装展示会，专门为男士设计服装。就连他的"服装帝国"的经营也是独辟蹊径的，他使用"虚拟工厂"的经营理念，没有自己的服装制造工厂，而是把自己的设计交给别的企业制作生产，然后打上"皮尔·卡丹"的牌子。

皮尔·卡丹正是敢于打开他人不敢打开的大门，才让自己看到了更多的风景，获得了更大的成功。他难道不是所有男孩的榜样吗？

· 你不可不知的道理 ·

生活中总有一扇扇虚掩的门，人们往往因为害怕未知的世界而不敢去打开它，也就等于放弃了对成功、对梦想的追寻。真正有梦想的人，会做一个勇者，勇敢地推开那扇虚掩的门，勇敢地接受未知世界的挑战。男孩，别让那扇虚掩的门成为你成功的阻碍，鼓足勇气，努力去打开它吧！

延伸阅读

皮尔·卡丹，世界顶级服装设计师，1922年出生于意大利威尼斯近郊的一户贫苦农家。14岁辍学，在一家小裁缝店里当起了学徒。17岁前往巴黎。25岁成为迪奥公司的大衣和西服部的负责人。1950年，28岁的他创办自己的公司，并很快成了举世闻名的服装设计巨匠。迄今为止，皮尔·卡丹三次获得法国时装界最高荣誉大奖——金顶针奖，"皮尔·卡丹"也成为享誉世界的服装品牌。

只要去做，没有什么不可能

有的男孩希望自己能够克服马虎的缺点，有的男孩从小梦想着当飞行员，有的男孩希望自己的数学成绩能够提高一些，有的男孩渴望得到同学的友谊……男孩们的愿望总是有很多，但是大部分人的愿望并没有实现。这是因为很多男孩好高骛远，做事没有耐心，经常虎头蛇尾，不会用实际行动来实现它。他们做事只是努力了一半，下了一半的功夫，这样当然做不成事情，长大后也无法成就一番事业。而对于优秀的男孩来说，只要去做，没有什么不可能。

"Nothing is impossible"这句耳熟能详的广告语给予我们无尽的激情。每当我们看到或听到这句话时，总是会情不自禁地加快脚步，我们心中充满了希望，我们知道自己的体内蕴藏着无尽的能量，我们有希望，也有能力去完成那些我们曾经认为很困难的事情。看到或听到这句话时，我们的心也跟着沸腾起来，我们为自己摇旗呐喊，鼓舞助威：我们能行！

的确，只要我们去做，没有什么不可能。

世界上没有绝对的不可能。生活中的大多数"不可能"都是我们首先在心里打了退堂鼓，认为这件事不太可能实现，所以在努力程度上也打了折扣。没有认真努力去做，本来50%成功的概率变成了30%，甚至有人放弃了努力，成功的概率就变成零，彻底成为"不可能"。

完成不可能的超越，才能奏出最华美的生命乐章，而这种超越的完成，必须付出百分之百的努力。一个成功者的一生，一定是努力的一生、拼搏的一生。

　　汤姆·邓普西天生残疾，右手畸形，右脚只有一半，但是从小他就非常喜欢运动，尤其是踢橄榄球。父母也很支持汤姆的兴趣，经常鼓励他，还为他装了木制的假肢，这种假肢可以套进坚固的特制足球鞋里。汤姆从来没有因为自己的残疾而自卑，反而积聚了一种事事想赢的积极欲望。他努力提高自己的踢球技术，尽管有一只半脚，但是他能把橄榄球踢得比其他孩子更远。日复一日，汤姆渐渐适应了用他的假肢练习踢足球及远距离射门，在这期间，汤姆跌倒过无数次，假肢也用坏了许多个，但是汤姆总是一次次站起、射门。不管是炎热的夏天，还是寒冷的冬天，汤姆从未间断练习。

　　汤姆一直坚持踢橄榄球，长大后，他找人专门为自己设计了一只鞋子，决心在自己喜欢的橄榄球运动上一展身手。通过考试，他得到了一个俱乐部的合约，但是教练一直劝他："汤姆，你不具备做职业橄榄球员的条件，你最好去试试其他行业，也许其他行业会更适合你。"

　　但是汤姆坚持恳求教练给自己一个机会，教练见汤姆那么执着，于是答应了。在一次俱乐部的友谊赛中，汤姆踢出了55码，并获得分数。这次比赛改变了汤姆在教练心中的印象，使汤姆在俱乐部留了下来，而整个赛季，汤姆为这个球队贡献了99分。

　　其中一场球赛，在终场前两分钟，汤姆用他残疾的脚从63码外踢进一球，全场6万多名球迷为他欢呼。汤姆所在的圣人队以19：17险胜底特律狮队。

　　比赛结束后，底特律的教练约瑟夫·史奇特这样说："我们败给了一个奇迹。"而同队的队员说："踢进那一球的不是汤姆·邓普西，而是上帝。"

听到这些，汤姆只是微笑。他之所以踢出这么了不起的成绩，正如他自己说的："我父母从来没有告诉我，我有什么不能做的。"汤姆一直告诉自己的是自己能做什么，而不是不能做什么。

男孩有了明确、高远的目标，又有火热、坚不可摧的对成功的渴望，再付出有力的行动，那么，一切皆有可能！

你不可不知的道理

对优秀的男孩来说，只要去做，没有什么不可能。一个成功者的一生，一定是努力的一生，一定是拼搏的一生。许多看似不可能，只是所下的功夫未到，只要功夫到了，一切不可能均可以超越。完成不可能的超越，才能奏出最华美的生命乐章，而这种超越的完成，必须付出百分之百的努力。

延伸阅读

橄榄球又称美式足球，因球的形状像橄榄而得名。橄榄球是一种冲撞型的运动。为了制止进攻方向前推进，防守方必须擒抱拦截持球的对方球员。因此，防守的球员会通过身体接触，在符合球例前提下把对手拦下。

理智——勇敢男孩的智慧缰绳

有三个国家的将军聚在一起谈论什么才是真正的勇气。

德国将军首先豪迈地说："我来告诉你们什么是勇气。"说完，他叫来自己的一名士兵。

"你看见海上的那座100米高的灯塔了吗？我现在让你爬到顶端，举手向这两位将军敬礼，然后跳下来。"

德国士兵马上向各位将军敬了一个标准的军礼，然后领命而去。德国士兵身手矫健，马上就爬上了灯塔顶端，向将军这边敬礼之后，毫不犹豫地跳了下去。

"真出色！但是，还是让我来告诉你们什么是真正的勇气吧！"美国将军说道。说完他叫来一名美国士兵，命令道："看见远处那座200米高的灯塔了吗？我要你爬到顶端，向这两位将军敬礼两次，然后跳下来。"

最后，美国士兵也出色地完成了任务。

"这真是一次出色的难忘的表演，将军们！"英国将军说，"但是还是让我来告诉你们什么是真正的勇气吧！"

英国将军叫来自己的一名士兵："我要你爬上那300米高的灯塔，向这边敬礼3次，然后跳下来。"

"什么，您让我干这种事？将军，您一定是神经错乱了！"英国士兵瞪大眼睛叫了起来。

"瞧瞧，将军们，"英国将军得意地说，"这才是真正的勇气！"

德国将军和美国将军认为勇气就是敢于从几百米的高处跳下来，其实这只是莽撞和盲从，是缺乏智慧的勇气。勇气如果没有智慧帮忙，极有可能成为一场悲剧。想要取得成功，光有勇敢是不够的，仅仅靠冒险取得成功的概率是非常小的。敢于冒险，敢于攀登最高峰，还要有理智，才能使自己成功。因此，冒险也要有理智来帮忙，理智是冒险的智慧缰绳。

冒险有两种情况，一种是理智型冒险，一种是非理智型冒险。理智型冒险通常是指明知有危险但是又必须去做的情况，比如在一些突发事件中必须立即采取措施，但是安全保障条件又不具备的情况下，不得不冒险。这种理智冒险心理产生的是一种无畏的勇气和不怕牺牲的精神，是一种高尚的行为。非理智型冒险，通常是受情绪或虚荣心驱使，比如有的人本来很胆小，但是在别人的怂恿下，做出一些不理智的行为，这种非理智型冒险是祸根。

很多男孩都是十足的冒险家，初生牛犊不怕虎，敢于尝试任何自己没有做过的事情，没有什么能够阻挡住他们。但是一定要清楚，冒险也要理性，不要做无谓的牺牲。

公元前496年，吴王阖闾被越王勾践击败，阖闾受到重伤后身亡，夫差继位为吴王。后来，吴国建立了一支强大的水军。

当时勾践是春秋五霸之一，心高气盛，不顾范蠡等大臣的反对，坚持出兵要消灭吴国的这支水军。莽撞出兵的结果是越国军队被吴国的军队包围。就是这次，勾践不仅输了这场战争，而且输掉了整个国家。勾践大败，被夫差活捉，成为吴国的阶下囚。

后来范蠡献计，让勾践假装投降，留住性命，日后再报仇。这一次勾践听从了范蠡的建议，使用美女和财物贿赂夫差身边的宠臣伯嚭。夫差不顾伍子胥的劝告而听信伯嚭的话，留下了勾践的性命。勾践开始了屈辱的生活。

三年之后，饱受屈辱的勾践被放回越国。回到越国的勾践开始暗中训练精兵，悄然做着反攻的准备。为了激励自己，勾践每天晚上睡觉不用褥，只铺些柴草，又在房梁上挂了一只苦胆，他不时会尝尝苦胆的味道，为的就是不忘过去的耻辱。

勾践卧薪尝胆，终于等来了时机，带领精兵拿下吴国都城，杀了吴国太子，又活捉了夫差。最终夫差被杀，吴国被灭。

勾践开始时不顾大臣们的反对而冒险攻打吴国，最终使自己兵败被擒。卧薪尝胆之后，他在时机成熟、准备充足的时候一举灭掉了吴国。在这个典故中，前者就是非理智型冒险，后者是理智型冒险，当然所产生的结果是完全不一样的。

纵观古今中外，成功的人莫不是冷静与理智之人：司马迁忍辱负重，于是创作出"史家之绝唱，无韵之离骚"的《史记》；历史长河中，因为不理智而失败的例子也不计其数：项羽不忍其怒，滥杀无辜，自刎乌江……

如果冒险是给男孩温暖的火，那么冷静和理智就是围炉，保护男孩不被火苗灼烧；如果说冒险是让男孩充饥的食物，那么冷静和理智就是男孩的保健师，提醒男孩要细嚼慢咽，不至于被噎着。

把理智当作罗盘，心灵在遨游时才不会迷失方向。男孩的世界里，应该充满冒险的乐趣和理智的光辉。

你不可不知的道理

冒险精神是成功者必备的素质，理智是成功者的第二重性格。理智地进行冒险，这样既不失冒险的兴趣，也会有理智的光辉。理智与冒险并重，才是一个人成熟的标志，也是获得成功的保障。

延伸阅读

　　范蠡是春秋时期的楚国宛（今河南南阳）人，著名的政治家、军事家和实业家，后人尊称其为"商圣"。范蠡博学多才，但是出身贫贱，在政治黑暗、"非贵族不得入仕"的楚国得不到重用，于是投奔越国。范蠡辅佐越王勾践，帮助勾践兴复越国，灭掉吴国。传说，范蠡功成名就之后，便退出政坛，化名为"鸱夷子皮"，变官服为一袭白衣，离开姑苏，常常泛一叶扁舟于五湖之中，遨游于"七十二峰"之间。在这期间范蠡三次经商而成为巨富，又三散家财，自号"陶朱公"。范蠡在政治和经济上都有一番成就，世人称誉他："忠以为国，智以保身，商以致富，成名天下。"

6 Chapter 永远积极主动，
绝不找任何借口

有时候，阻碍我们成功的不是我们的能力不够，而是我们的心态不对。不要以为机会、成功、幸福都是你的客人，它们会在你的家门口按门铃，等待你开门把它们迎接进来。假如你不主动去寻找，它们永远不会光顾。成大事者的生活之道是做一个积极主动的人，一切向前看！积极主动的心态就像火种，一旦点燃，就会引发奇迹，如果坐等成功，那么终将一无所获。

任何时候都不要为自己找借口

每个男孩在成长为男子汉的过程中，都需要了解什么是真正的英雄。作为世界上最著名的培养军人的殿堂，西点军校是勇敢与智慧的代表，是每一个有大志向、大理想之人的向往之地，是每一个拥有信念之人的锻炼之地。

在西点军校的长剑训练课上，一些学生总是无法掌握要领，于是开始抱怨说，是剑不够长，因此他们总是无法击败对方。教官们听到这样的说法，严厉地批评了这些同学，对他们说："不要假设自己手中的剑再长一点儿你就可以击败对方了。事实上，无论你的剑有多长，不主动进攻，都无济于事。只要你前进一步，你的剑自然就变长了！不要为自己的弱小和胆怯寻找任何借口！"

对西点军人来说，时间不会重来，只要被打败，就得付出惨重的代价，所以必须扔掉那些找借口的方法。一次借口就意味着一次逃避，就意味着一次失败。

当西点军校的毕业生格兰特将军带领北方军队赢得美国内战的胜利后，许多人开始探寻格兰特将军胜利的原因。

有一次，格兰特将军去西点军校视察，一名学生毕恭毕敬地问道："将军，请问西点军校赐予您什么精神和能力，使您义无反顾、勇往直前地赢得了胜利？"

格兰特将军有力地回答："没有任何借口！"

"如果您在战争中打了败仗，您认为是什么导致了您的失败？"

"我唯一的借口就是'没有任何借口'！"

执行任务，不找任何借口地去完成，即使牺牲自己的生命也在所不惜，这是每个军人最基本的要求。

没有借口也是一个成功者所应具有的特征，制造借口是失败者本能的习惯。埃勒博·赫巴德一针见血地指出："为何人们用这么多的时间来制造借口以掩饰他们的错误，并且故意愚弄自己？如果将这些时间和精力用在正确的用途上，足以矫正那些弱点，那时便不需要借口了。"

当你总是费尽心思去找到那些"充分"的理由证明"失败与我无关"，总是以别人不配合或配合不力为借口时，其实就是在推卸自己的责任；当你抱怨环境不好、机会难寻的时候，其实就是在姑息自己的懦弱和懒惰。

有一个年轻人整天唉声叹气，愁眉不展，逢人便大吐苦水："你看我是多么不幸，父母早逝，也没有给我留下什么遗产，我的工作也没有什么发展前途，我没有钱买房子，没有钱买汽车，也找不到女朋友，我甚至没有多余的钱去旅游一次。"

有一位老者听了年轻人的这些话后，对他说："我是一个亿万富翁，我有办法让你变得很有钱，但是你必须用你所拥有的东西来交换，你同意吗？"

"用我拥有的东西来换？可是我并没有什么值钱的东西可以跟您换呀！"

"我出10万美元买你的一只手，你愿意吗？"

"啊？我的手？"年轻人看了看自己的手，"我不愿意，我不能卖我的手。"

"那我用20万美元买你的一条腿，你愿意吗？"

年轻人又看了看自己的双腿，还是说道："我不愿意。"

"30万，一只眼睛？"

年轻人不可思议地看着老者，赶紧摇了摇头。

最后老者笑了："你怎么说你没有钱呢？你现在至少已经拥有了120万美元，只是你暂时还没有拿到这些钱。年轻人，一个有手有脚有眼睛的人还怕没有钱吗？凭你拥有的这些，你肯定会成为富翁的。你要一直为你自己的贫穷寻找借口吗？"

年轻人听后，惭愧至极，无言以对。

通常情况下，两种人总是为自己寻找借口：

第一种人根本不想去做，不愿意去做，因此从一开始便为自己寻找借口，为自己开脱。男孩，你是不是也经常说这样的话："这件事我做不了！""今天时间不够了，明天再写吧！""我还要做作业，明天再打扫吧！""这件事根本不适合我做！"……诸如此类的借口，可笑又无奈，只能麻痹自己，让自己变得越来越懒散。

第二种人一开始也努力去做，或者看似非常努力，实则根本没有全力以赴，没有尽力挖掘自己的潜能。"我已经做好属于我的那份了，没有成功并不能怪我一个人。""他太厉害了，我努力很久也没有超过他。""都是因为他中间马虎了，我受到了牵连。"这类人的确尝试去做了，但是他们浅尝辄止，寻找看似合理的客观原因，为自己的半途而废百般辩解。

男孩，你应该明白，借口是懒惰的代名词，是懦弱的表现，是能力低下的开始。一个又一个的借口让我们的激情、热情和信心都退缩到阴暗的角落，而自私、怯懦、懒惰、懈怠就会披着借口的外衣堂而皇之地跑出来。

优秀的人具有强烈的使命感，勇敢前行，拒绝借口，以完成使命为天职；相反，平庸的人喜欢找借口，总是推卸责任，对自己的任务无动于衷，在执行的时候敷衍塞责。在借口面前，平庸的人变得越来越渺小虚弱、等待他的将是更大的失败，失败和平庸将跟随他一生；而优秀的人会变得越来越强大、自信，迎接他的将是更大的胜利、更多的鲜花和掌声。

你不可不知的道理

男孩，借口是懒惰的温床，它不仅会让你变得没有责任心，更会让你在碌碌无为中虚度光阴。所以，任何时候都不要为自己的懒惰或过错找借口，而要多反思自己的问题，多思考解决问题的办法。

延伸阅读

尤里西斯·辛普森·格兰特，1822—1885，美国著名军事家、陆军上将，第18任美国总统，他还是美国历史上第一位从西点军校毕业的总统。在美国南北战争后期任联邦军总司令，屡建奇功，深得当时林肯总统的赏识。

立刻行动——做任何事，绝不拖拉

夜里，在一家医院，一个病危病人仅剩下最后一分钟的寿命。死神如约而至，这个病人看见了死神。他哀求死神："再给我一分钟好吗？"

死神冷冷地反问："你要一分钟干什么？"

病人说："我想用这一分钟看看天，看看地，看看我的妻子，亲吻我的孩子们。如果运气好的话，或许我还可以看见花开。"

死神说："你的想法不错，但是我不能答应你。你的一生本来有足够的时间做刚才你说的那些事情，但是你从来没有珍惜过，看看属于你的时间账单吧！在你60年的生命中，1/3的时间你用在了睡觉上，这无可厚非，但是剩下的时间，你都用在了拖延上，你每天都在感叹时间过得太慢了。你上学的时候，家庭作业总是不能按时完成；你长大后，工作拖延，和客户见面也不守时，你还学会了抽烟、打牌、泡酒吧，你说这是为无聊的生活寻找点儿乐趣。其实，你这样都是在虚度光阴。"

死神继续说道："我统计，你的一生因为做事拖延浪费的时间总共是356000个小时，也就是1520天。你做事马马虎虎，经常不得不重新做，这些浪费的时间有300多天。你经常无聊到发呆；埋怨、责怪别人；找借口、找理由、推卸责任；你利用工作时间和同事侃大山，把工作丢到了一旁毫无顾忌；你参加了无数次无所用心、懒散昏睡的会议，这使你的睡眠时间远远超出了别人；你也组织了许多类似的无聊会议，使更多的人和你一样睡眠超标；还有……"

死神还没有说完，病人懊恼无比。是呀，对他来讲，他已经拖延了一生。

所以男孩要记住，千万不要把今天能做的事留到明天，遇到问题应立即处理，绝不可拖延。

1989年3月24日，埃克森公司的一艘巨型油轮在阿拉斯加触礁，导致石油外泄，海洋环境遭受了极大的破坏。民众都期待埃克森公司的解释及行动，埃克森公司一时处于风口浪尖之上。

埃克森公司因一时拿不出面向大众的合理解释，于是将此事一拖再拖，希望过一段时间人们逐渐淡忘这件事。但是，事情并没有像埃克森公司预想的那样，舆论反而变得越来越激烈，公众开始声讨默不作声的埃克森公司，最终形成了一场"反埃克森运动"，甚至惊动了当时的布什总统。

最后，埃克森公司因为这件事情而造成的直接损失达到几亿美元，同时公司形象严重受损。

有人将拖延比喻为"追赶昨天的艺术"，其实，拖延更像是"逃避今天的借口"，就是一种自我欺骗：

你拖延，是因为你不想去面对那些令自己头疼的事情，这些令你头疼的事情是你害怕做的，或是懒于做的；

在欺骗自己的各种理由中，拖延是最能让你心安理得的，因为你认为自己只是一个慢一点儿的实干家；

你害怕承担风险，拖延显然给你一种安全的心理安慰。

这些都是爱拖延的人的心理状态，拖延是在给你一种虚假的安全感，拖延实际上就是自我麻痹、自我安慰和自我欺骗。

除此之外还有一部分拖延是因为总是希望所有的条件都具备了再行动，殊不知，良好的条件是等不来的，唯有依靠行动才能创造有利条件。只要做起来，哪怕很小的事，哪怕只有5分钟，也是一个好的开端，就会带动我们更容易地做好更多的事情。

狄更斯说："永远不要把你今天可以做的事留到明天做。延宕是偷光阴的贼，抓住他吧！"成功的秘诀就是行动，就是不找借口，就是"现在就做"。

男孩身上的拖延问题常常很严重。想一想，你是不是总是要等到闹钟响了半个小时才起床，你每天是不是总是差点儿迟到，你做作业是不是要做到晚上12点，全家一起出去玩的时候大家是不是都要等着你……

拖延是一种恶习，这种恶习必须从小就改正。有一位潜能专家曾经总结过这样一段话，那些有拖延恶习的男孩，那些想要杜绝这个恶习的男孩不妨每天念上几遍——"我是一个不需要借口的人。我对自己的言行负责，我知道活着意味着什么，我的方向很明确。我知道自己的目的，我要怀着一种使命感做事情。"

你不可不知的道理

想要立即行动，你必须要让自己的意志顽强如磐石。成功人士都会选择对自己狠一些，他们不会为了贪图一时的安逸和温暖而将事情一拖再拖。在做事情之前，可能会有担忧，但是这并不能成为你拖延的借口，立即行动的人都知道要将时间花费在寻求方法上，只有最愚蠢的人才会在寻找借口上浪费时间。

延伸阅读

狄更斯，19世纪英国著名小说家，他特别注重描写生活在英国社会底层的"小人物"的生活遭遇，他的作品深刻地反映了当时英国复杂的社会现实。狄更斯是高产作家，他凭借勤奋和天赋创作出一大批经典著作，主要作品有《匹克威克外传》《雾都孤儿》《老古玩店》《艰难时世》《我们共同的朋友》等。《雾都孤儿》以雾都伦敦为背景，讲述了一个孤儿悲惨的身世及遭遇：主人公奥利弗在孤儿院长大，经历学徒生涯、艰苦逃难、误入贼窝、被迫与狠毒的凶徒为伍，历尽无数辛酸，最后在善良人的帮助下，查明身世并获得了幸福。该书曾多次改编为电影、电视及舞台剧。

做人做事要有主见

主见就是自己对事物的确定的意见或见解。我们每天都要面对很多事情，我们无时无刻不在做决定。优秀的男孩之所以优秀，是因为他们不惧怕做决定而且善于做决定，他们不会逃避做决定，他们不会人云亦云，他们的每一个决定都是经过自己深思熟虑的，在决定的时候，他们锻炼并检验了自己的能力。这就是优秀男孩和普通男孩之间的差距。

有这样一则寓言：

一群青蛙在一个高塔下面玩耍。其中的一只青蛙向上看了看，对大家说："我们爬到塔尖上去吧，上面的风景应该很好。"

众青蛙都觉得这个建议不错，大家纷纷开始向上爬。可是刚爬到1/3的高度，有一只青蛙说："爬它做什么，又累又渴的，上面的风景还不是和下面的一样！"一些青蛙想想，的确如此，因此一部分青蛙就下去了，不再爬高塔。到2/3的高度的时候，塔下面的青蛙开始劝告仍在爬的青蛙，于是大部分的青蛙听了下面青蛙的劝告也都从高塔上下来了。

最后只有最小的那只青蛙没有下来，下面的青蛙开始嘲笑这只小青蛙。但是不管下面的青蛙们如何聒噪地嘲笑它、打击它，它还是继续爬着。过了很长时间，它终于爬上了塔尖。

小青蛙从塔尖向下看，塔下面的青蛙们显得那么渺小，远处的风景是那么美丽，而众青蛙看塔尖上面的小青蛙，觉得它是那么了不起和遥远。这时，众青蛙不再嘲笑小青蛙，而是都很佩服它。

小青蛙没有因为别的青蛙的嘲笑和议论而退缩，而是坚持自己的想法，最终看到了和大家不一样的风景。在做人做事方面，男孩也应当有自己的主见，不要轻易被别人的意见所左右。德国有一句谚语："当心，不要让你的脑子成为别人思想的跑马场。"如果你任由自己跟着别人的思想走，或者直接依赖别人的决定，无论大事小事都要别人替自己拿主意，那么你就有可能在这种依赖心理的作用下逐渐变得愚笨，最终一事无成。

一个轻信他人的人通常容易上当受骗，一个毫无主见的人最终要吞下失败的苦果。有主见并不是顽固和狂傲，不是不听劝告，不是一意孤行，而是在面临抉择的时候，保持一颗清醒的头脑，不人云亦云，而是自己努力做出正确的思考和判断。

戴维的父母都是职业画家，戴维从小也对画画表现出了浓厚的兴趣，希望自己日后也能像家人那样成为职业画家。

戴维每次画完一张画，都习惯将画拿给全家人看，询问大家自己画得好不好。

爸爸看过之后说："这里的线条太僵硬了。"

戴维听了爸爸的话后，就开始修改自己的作品。

妈妈看过之后说："这个地方应该用墨绿色。"

戴维又按照妈妈说的去修改。

给哥哥看过之后，哥哥说："这是什么？这个楼太高了吧？"

戴维听了，重新画了一张，把楼的高度画得低了一些。最后，戴维把画拿给姐姐看，谁知姐姐撇撇嘴说："这是什么？除了一张被颜料弄脏的纸之外，我看不见其他东西。"

就这样，戴维的时间都用在了修改画而不是创作画上，他最终没有成为一名画家。

戴维没有主见，没有自己的思想，这个缺点对于绘画这种创造性极强的工作而言无疑是致命的。他想听每一个人的意见，却忘记了要做自己。男孩绝不可被别人的意见所左右，每个人都有自己的见地。刚愎自用、自以为当然是愚蠢的，但是随波逐流、人云亦云也并不高明。古今中外，无论是哪一个领域的成功人士无不是做人有主见、处事果断的人。胆小怕事的"鸵鸟人"总是无法前进一步，人云亦云的"鹦鹉人"永远也不会说出自己的话。

做人做事最难的就是坚持自己的见解。人总是轻易就受到他人的影响，10年的坚持，也许别人用10秒钟就可能让你动摇。有主见的人总是用事实说服别人，没主见的人总让别人说服自己。坚持主见需要有真知慧眼，还需有无私的精神和过人的胆略。

正确的主见是事物本质的反映，正确的主见往往都需要时间的检验，因此除了要有良好的判断力之外，还需要顽强的毅力和足够的耐心，这样才能坚持主见。伽利略对太阳中心说的坚持，梵高对自己独特艺术风格的坚持，居里夫人对提炼高纯度镭的坚持，爱迪生对找到合适的灯丝而做了1000多次实验的坚持……这些名人最后的成功硕果是令人称羡的，但他们的坚持却是艰辛的。倘若伽利略屈服于宗教权威而放弃了坚持，倘若梵高合群地成为庸俗人群中的一员，倘若居里夫人为了容貌而不在工业废渣里继续实验，倘若爱迪生的实验在第999次时终止……人类的文明进程将会受到很大影响。

　　男孩对待别人的意见，一定要有一个科学的态度。"兼听则明，偏信则暗"，他人的意见不能不听，也不能全信，一切都要经过自己的大脑思考过滤，留精华，去糟粕，然后形成自己的见解，拥有自己的主见。

你不可不知的道理

　　真正有主见的人不是任性、跋扈，不是只相信自己，甚至封闭自己。任何事情都需要有度，掌握了这个度就是有主见；掌握不好，就成了固执己见，顽固不化。当面对别人的否定时，当出现更复杂的情况时，智者会冷静下来，思考别人的反对是否有理，权衡情况的变化是否影响了自己的判断，如果他人的意见是有道理的，如果情况的变化与预想出现偏离，就要做出相应的调整，反之，则要坚持自己的原则。

延伸阅读

梵高是19世纪杰出的艺术家之一，后期印象画派的代表人物。梵高热爱生活，但在生活中屡遭挫折，备尝艰辛。梵高绘画大胆创新，在广泛学习前辈画家伦勃朗等人的基础上，吸收印象派画家在色彩方面的经验，并受到东方艺术，特别是日本浮世绘的影响，形成了自己独特的艺术风格，表现了他心中的苦闷、哀伤、同情和希望，至今享誉世界。梵高笔下最负盛名的作品是《向日葵》，画作中的向日葵不仅仅是植物，更是带有原始冲动和热情的生命体。梵高的作品并不为当时的人们所接受，他在世时得以出售的唯一作品是《红色的葡萄园》，但是随着时代的发展，梵高作品的意义及价值日渐突显出来。

男孩要积极处世，对自己的生活负责

在开始本节之前，我们先欣赏纳尔逊的一首诗《我的人行道有个洞》：

一

我走在街道上

有个洞在人行道旁

我掉进了深洞

我迷失……我彷徨

我花了很长时间才回到地面上

二

我走在街道上

有个洞在人行道旁

我没看见——我假装

我再次掉进深洞

我无法相信竟掉进了深洞

但这不是我的错

我仍然花了很长时间才回到地面上

三

我走在街道上

有个洞在人行道旁

我看见它在那里

我掉进了洞，这是习惯的力量

我知道我在何方

我张开双眼——这是我的错

我很快就回到了地面上

四

我走在街道上

有个洞在人行道旁

我绕过它走向前方

五

我走在另一条街道上

　　这首诗的作者用最简单的语言阐释出一个道理，一个人应该对自己的生活负责，在面对问题的时候要通过调整自己的心态，逐渐从被动改变为主动，来避免生活中的"坑洞"。

　　男孩，或许你在生活中也会遇到这样那样的"坑洞"，你要学会绕开它们。

　　春秋战国时期，一位父亲和他的儿子出征作战。父亲早已是赫赫有名的大将军了，而儿子还只是一个小小的马前卒。又一阵号角吹响、战鼓雷鸣时，父亲神态庄严地托起一个插着一支箭的箭囊，郑重地对儿子说："这是我们家族的世袭宝箭，佩带在身边，你会有无穷的力量，但是记住千万别拔出来，这是对你和将士们生命的负责。"

　　那是一个极其精美的箭囊，厚牛皮的质地，镶着幽幽泛光的铜边，再看看露出的箭尾，一眼便能认出是用上等的孔雀羽毛制作的。儿子喜上眉梢，贪婪地幻想着箭杆和箭头的模样，耳旁仿佛已是嗖嗖的箭声呼啸而过，敌方的主帅应声折马而毙。果然，在后面作战时，佩带宝箭的儿子英勇非凡，所向披靡。当鸣金收兵的号角吹响时，儿子再也禁不住取得胜利的豪气，完全把父亲的叮嘱抛到了九霄云外，强烈的欲望驱赶着他嗖的一声拔出宝箭，试图看个究竟。骤然间，他惊呆了：一支断箭！箭囊里装的竟然只是一支断箭！儿子的豪气顿时消失在刚刚还兴奋异常的脸上，打了个激灵，出了一身冷汗，仿佛顷刻间被某种力量抽去了精气，似一栋失去支柱的房子，轰然倒塌。结果不言自明，儿子惨死在乱军之中。

　　当战事结束时，父亲找到了那支断箭，捡起来，握在手里沉痛地、狠狠地说："不相信自己，不能对自己的生命负责，永远也做不成将军。"男孩，你会不会说这位父亲太狠心？其实更应该说他是恨铁不成钢，恨木不成材！男孩，回过头来我们想想，将军的儿子忘却父亲的叮嘱，听从好奇心的驱使，而置自己的生命于不顾，这样的人又怎能托付重任呢？

男孩，在你考虑自己的美好前途的时候，或许你会说，进一所名校或有一个有钱的爸爸，你的美好前途就会自然而然地出现，你认为这些才是你获得成功的"宝箭"。殊不知，自己才是那支"宝箭"，若要它坚韧，若要它锋利，若要它百步穿杨、百发百中，就要去磨砺它，拯救它的只能是你自己。换句话说，自己才是拯救自己的那支"宝箭"。

有个老木匠准备退休，他告诉老板，说要离开建筑行业，回家与妻儿享受天伦之乐。老板舍不得他的好员工离开，问他是否可以再最后帮忙建一栋房子，老木匠同意了。但是大家后来都看得出来，他早已心不在焉。房子建好后，老板把大门的钥匙递给他。"这是你的房子"，老板说，"我送给你的礼物。"木匠听后，震惊得目瞪口呆，羞愧得无地自容。如果他早知道是在给自己建房子，他怎么会这样不安心工作呢？现在他只得住在一栋粗制滥造的房子里。这正应了那句老话："种瓜得瓜，种豆得豆。"

试想，我们是不是也总是漫不经心地"建造"自己的生活，消极应付身边发生的事情，凡事都浅尝辄止，不去精益求精，在关键的时候不能尽最大的努力呢？等我们终于有一天明白过来时，却早已深陷其中，悔之晚矣。

男孩，对自己的生活负责，不是说只对自己负责，有时候你为别人负责，也等于为自己负责。当你负责任地完成老师交给你的学习任务时，你同时也学到了更多知识；当你负责任地完成朋友对你的重托之后，你会收获他们的友谊；当你负责任地完成家长安排的家务活时，你会获得父母的赞赏。

你不可不知的道理

男孩要拥有良好的心态，要拥有一种积极处世的态度，这样才能更好地对自己的生活负责。如果一个人对自己的生活都不负责，那么他的人生注定是失败的，更不要期望他能对别人负责了。

延伸阅读

"种瓜得瓜，种豆得豆" 原为佛教语，出自《涅槃经》："种瓜得瓜，种李得李。"比喻因果报应关系。后比喻做了什么事，就得到什么样的结果。在清人尹会一编的《吕语集粹·存养》一文里有"种豆，其苗必豆；种瓜，其苗必瓜"的说法，在现代口语里渐渐演变成"种瓜得瓜，种豆得豆"。

拒绝犹豫不决，学会当机立断

管理学上有这样一个经典的案例：

一个6岁的小男孩在外面玩耍时，突然有个鸟巢掉到了他前面，鸟巢中有一只小鸟。这个小男孩很喜欢这只小鸟，决定要收养它。于是小男孩将鸟巢一起拿回家。刚到门口，妈妈就发现了小男孩手中的小鸟和鸟巢，她不允许小男孩在家里面养小动物，于是小男孩将鸟巢和小鸟放在门口，走到屋子里去央求妈妈。小男孩央求了很久，妈妈终于同意了。于是小男孩兴高采烈地跑到门口去取小鸟。但是，小鸟不见了，只有一只大花猫在旁边，抹了抹嘴巴。小男孩明白小鸟被大花猫吃了，他责怪大花猫，责怪妈妈，但是怎么做都不能让小鸟回来了，他伤心地哭了。

这个小男孩就是后来的美籍华裔电脑名人王安博士，他说6岁这年发生的这件事影响了他的一生，他从这件事上得到了一个很大的教训：只要自己认为对的事情，不可优柔寡断，必须马上付诸行动。

做出决定就是做出选择。那些善于做出决定的人，总是果断行事，当机立断，因此能够抓住稍纵即逝的机会，并且将一切想法付诸实践，毫不犹豫、开足马力地向目标前进。所以，男孩，现在我要告诉你们，要想做出正确的选择首先要拒绝犹豫不决。

一头驴子面前有两垛青草，它看看这垛，觉得那一垛更鲜，再看看那一垛，又觉得这一垛更嫩。在接下来的时间里，这头驴子这边看看，那边看看，直到两边的青草逐渐枯黄，驴子也在犹豫不决中饿死了。

很多男孩在面对众多选择的时候，都会像那头驴子那样，不知道如何取舍。走进玩具大厅，你可能被众多玩具吸引而不知道买哪一个；和妈妈出去玩，你可能为了做出选择而在肯德基门前不停地徘徊，因为你感觉自己应该去吃麦当劳；放学回家，打开书包，你左手语文，右手数学，不知道应该先开始做哪一科的作业；好不容易到周末，你不知道自己是应该睡个懒觉好好休息一下，还是应该答应同学的邀请去爬山；表妹来家里玩儿，你不知道是应该把自己的电动玩具给她玩儿，还是把跳棋送给她。如果你总是犹豫不决，不停地做决定，又在下一秒中将自己的决定推翻，时间就会这样溜走了，结果什么也没有买成，什么也没有吃成，什么也没有做成。

凡成大事者无一不具"当机立断，处事果决"的特点。正如罗曼·罗兰所说："很清楚，前途并不属于那些犹豫不决的人，而是属于那些一旦决定之后，就不屈不挠不达目的誓不罢休的人。"那些不成功的人士通常是优柔寡断、犹豫不决的人，虽然并不至于像那头驴子一样落到饿死的境地，但是终究还是失去了许多成功的机会。这些人最终只能对天长叹，悔不当初！果断是一个领导者必备的素质，也是让自己的生活更为简单更为自在的条件，因此想成大事的男孩必须要培养自己做事果断的品格，即使你只想获得潇洒自在的生活方式也必须学会果断行事。

你不可不知的道理

做事必须学会当机立断，这是每一个成大事者必备的素养。因为机遇并不是随时都会出现的，只有你自己当机立断，才能抓住稍纵即逝的机会，从而一举成功。

延伸阅读

罗曼·罗兰，法国20世纪上半叶著名的思想家、文学家、音乐评论家和社会活动家。20世纪初，罗兰连续为名人写传记，主要有《贝多芬传》《米开朗基罗传》和《托尔斯泰传》，它们统称为《名人传》。与此同时，他发表了长篇小说《约翰·克利斯朵夫》，这是他最重要的作品，在世界文学史上也占据着一定的地位，被高尔基称为"长篇叙事诗"，同时也被誉为20世纪最伟大的小说。罗兰更是凭此书获得了1915年的诺贝尔文学奖。

抱怨是男孩成长的头号敌人

有的男孩在生活中遇到一点点困难和不公，就会抱怨不已。抱怨自己倒霉，抱怨父母没钱，抱怨同学不理解自己……其实，男孩不知道，抱怨是你成长的头号大敌。因为抱怨不仅会让你陷入负面情绪的泥潭，还有可能改变你的生活轨迹，甚至会让你误入歧途。

大海里生活着一条金鱼，它认为自己血统高贵，总是抱怨大海里无聊，一心想离开这个"苦海"。有一天，它被渔夫打捞上来，高兴得在网里摇头摆尾，心想："这回总算逃出了苦海！"

渔夫见它是条金鱼，于是带回了家放在一个破鱼缸里养着。刚开始，渔夫总会喂它一些好吃的，甚至在它身边放入一些美丽的水草，金鱼很庆幸自己现在的生活。

可是好景不长，渔夫出海遇难了，再也没有人给它喂食了。金鱼很悲伤，它又开始抱怨起来，抱怨鱼缸太小，抱怨没有人给自己喂食，抱怨渔夫轻易出海，甚至抱怨它想要离开大海时同伴们为何不阻拦它——就是忘了抱怨它自己。

有一天，鱼缸里的水干了，金鱼带着抱怨死去了。

万事如意，心想事成，只是一个美好的愿望而已。现实生活中，不如意的事情经常发生。当这些不如意的事情发生时，千万不要抱怨，抱怨不仅无法改变不如意的生活，反而会让生活变得更糟。

英国文学家萧伯纳对乐观主义和悲观主义有一个简单易懂的解释，他说，假定桌上有一瓶只剩下一半的酒，看见这瓶酒的人，如果高喊"太好了，还有一半美酒剩下"，那么这个人就是乐观的人；如果这个人对着这瓶酒哀婉叹息"糟糕，只剩下一半了"，那么这个人就是悲观主义者。这两种人一个怀着感恩的心，一个却持着不满足的心。

男孩，看到这里，你会不会在心里暗暗地对照一下自己到底是一个乐观的人还是悲观的人呢？在成长的过程中，每个人都难免会遇到不快与挫折，可是有些人为什么总是看起来那么快乐，好像从来不曾有过烦恼一样，而有些人却整天愁眉苦脸，郁郁寡欢，男孩，你是否想过这是为什么？

约翰·D·洛克菲勒说："我从未像有些人那样抱怨自己的雇主。一些人认为雇主高高在上，雇主压榨他们，拿着压榨他们得来的钱财在别墅里享乐，他们被雇主踩在脚底下。我不知道这些抱怨的人是否想过，是谁给了他们工作的机会？是谁给了他们建造自己家园的可能？是谁让他们得以发展？"洛克菲勒从来不会抱怨别人，他只相信自己的努力，最终成了美国石油大王，并使洛克菲勒家族成为美国极具影响力的家族之一。与其抱怨，不如思索下一步应该怎么做。思考才能让人生迎来转机。

有一头驴子掉到了一口枯井中，只能孤零零地在井中等死。更为凄惨的是，有人总是把垃圾倒在这口枯井中，驴子很生气，认为自己真是倒霉，连死都不能死得舒服一些。

就这样，驴在井里待了两天，已经奄奄一息了。无意中，驴子发现自己周围竟然高了起来。因为每当有垃圾被倒下来的时候，驴都会抖抖身上的垃圾，垃圾就落在了驴的脚下。两天下来，垃圾已经堆得很高了。

驴想："这样下来，总有一天，垃圾会将这口井填满的，那么我就可以出去了。"于是驴从垃圾中找些残羹来维持自己的体能。终于有一天，垃圾成了它的垫脚石，使它重新回到了地面上。

其实怀才不遇的处境很多都是自己造成的。抱怨就是掩埋金子的泥土，是人生成功的极大障碍。不要抱怨生活给你的是垃圾，因为你也可以踩着这些垃圾登上成功之巅。而这样的成功更珍贵，这样的人也更值得尊敬。

抱怨自己的男孩，应该试着学会接纳自己；抱怨别人的男孩，应该试着宽容和谦虚求教；抱怨老天的男孩，应该试着用虔诚的心祈求美好的祝福。

男孩，抱怨不如改变，行动起来你的生活才会有意想不到的转变，人生才能渡过重重难关，战胜种种不如意。停止抱怨，让这些难关和不如意成为你成功的垫脚石吧！

你不可不知的道理

爱抱怨的人无法成为生活的强者，不仅无法改变不如意的生活，还会让生活变得更糟。与其抱怨，不如改变。成功只垂青积极主动的人，只要你敢于担当，勇于接受挑战，任何艰难险阻都会变成坦途。对生活不抱怨，用积极的态度去面对，你自然会成为快乐的人。

延伸阅读

约翰·D·洛克菲勒1839年出生于美国纽约州里奇福德镇，是美国早期的实业家。1870年，他创建了标准石油公司，之后通过气势如虹的兼并和扩张垄断了美国的石油工业。在此过程中，他创建了一个史无前例的联合事业——托拉斯。1937年5月23日，98岁的洛克菲勒在他奥尔蒙德海滩别墅里去世了。他的子孙继承了他的事业。洛克菲勒家族也是当今美国知名度极高的家族之一。

洛克菲勒富有远见，冷静、精明，凭借自己独有的手段和魅力白手起家，一步步建立起自己的石油王国。但是洛克菲勒也是一个富有争议的传奇人物，有人认为他只不过是极具野心、唯利是图的资本家，但是也有人以为他是慷慨的慈善家，因为不管是洛克菲勒本人还是洛克菲勒家族，在慈善方面都是不遗余力的。

7

Chapter

学会与孤独、恐惧相处

面对未来的种种挑战和不测，男孩只需要知道两点：争取最好的，准备最坏的。争取最好的，是一种积极进取充满信心的心态；准备最坏的，是一种理智理性的心态。同时拥有这两种心态，才不会恐惧，才能在任何情况下都保持斗志，精神抖擞地去迎接挑战。

慢慢地实现梦想，男孩要耐得住寂寞

传说中，在美丽的西西里岛附近的海域有一个小岛叫作塞壬岛。塞壬岛上有一个美丽的女妖，她长着一对老鹰的翅膀，有着一副动人的歌喉，但是凡是听到她的歌声的人都会被她诱惑，然后死亡。每天夜晚来临，塞壬岛上便传来女妖的歌声，过往的船只几乎都经受不住女妖的诱惑。

特洛伊战争中的英雄奥德修斯曾经带领同伴们路过塞壬岛。他很早以前就听说过岛上的女妖善于用美妙的歌声勾人魂魄，他想听听女妖的歌声究竟有多么动听诱人。因此，他嘱咐同伴们捂住耳朵，而自己却没有捂住耳朵。但是为了防止意外发生，奥德修斯还是采取了防范措施，就是让同伴们把自己捆在桅杆上，并告诉他们千万不要在中途给他松绑，而且他越央求，他们越要把他绑得更紧。

果然，当船行到塞壬岛周围时，奥德修斯就看见女妖唱着歌飞过来，她的歌如莺歌燕啼，婉转跌宕，动人心弦。听着这美妙的歌声，奥德修斯心中顿时燃起熊熊烈火，他急于奔向她，大声喊着让同伴们放他下来，但同伴们根本听不见他在说什么，他们仍然在奋力向前划船。有一位叫欧律罗科斯的同伴看到了他的挣扎，知道他此刻正在忍受着诱惑的煎熬，于是走上前把他绑得更紧。这样，奥德修斯等人才得以顺利通过塞壬岛。

奥德修斯是希腊神话中能文能武的英雄人物。在他的英雄之路上，塞壬岛女妖的歌声只是其中一个磨难，不过这个磨难不是那种大风大浪，而更像是糖衣炮弹，是一种诱惑，但是奥德修斯用自己特有的方式抵御住了这次诱惑，所以他依然是一个英雄。其实，生活中很多人并不缺乏战胜困难的勇气，却往往容易在诱惑面前方寸大乱，以致功败垂成。

实现梦想的过程是十分艰辛的，只有耐得住寂寞的人才能跨越一切甜蜜的障碍，到达成功的彼岸。"有志者，事竟成，破釜沉舟，百二秦关终属楚；苦心人，天不负，卧薪尝胆，三千越甲可吞吴。"有志者如项羽，破釜沉舟，百二秦关终属楚，这种决心，很多人都有，但是如勾践一般做苦心人的却很难，正因为很难，所以上天不会辜负这样的人，最终让勾践以三千越甲便吞并了吴国。

　　耐得住孤独寂寞，不仅能让人产生极大的决心；战胜挫折，更会让人在绝望的环境中生出一种怡然自得的心态，这种心态也是一种坚守。陶渊明便是如此。

　　陶渊明出身于仕宦家庭，曾祖父陶侃是东晋开国元勋，军功显著，官至大司马，都督八州军事，荆、江二州刺史、封长沙郡公。祖父陶茂、父亲陶逸都做过太守。陶渊明自小受儒家思想的教育，对生活充满希望，希望通过仕途实现自己拯救苍生的宏伟愿望。

　　当时门阀制度森严，陶渊明虽然称得上是小有名气的文人雅士，但是在仕途上并不如意，加上自己天生的文人风骨，在官场上更是几经波折。陶渊明自29岁起曾任江州祭酒、镇军参军、彭泽县令等职。为官时，陶渊明因为出身庶族而被人轻视，一段时间后便辞职。州里又召他做主簿，他也辞谢了。后来，他投入桓玄门下做属吏，发现桓玄有篡夺东晋政权的野心后，不愿做他的心腹，对俯仰由人的宦途生活发出了"遥遥至西荆"的深长的叹息。待桓玄篡位改国号成功后，陶渊明便在家乡躬耕自资，闭户高吟，不愿再涉足仕途。当刘裕讨伐桓玄成功之后，陶渊明似乎看见了一丝希望，感到刘裕应该是一个有大志、有大胸怀的人，曾一度对刘裕产生好感。但是入幕不久，看到刘裕为了铲除异己，杀害了讨伐桓玄有功的刁逵全家和无罪的王愉父子，并且凭着私情，把众人认为应该杀的桓玄心腹人物王谧任为录尚书事领扬州刺史这样重要的官职。这些黑暗现象使陶渊明感到失望，于是他辞职隐居。

　　后来叔父陶逵介绍他任彭泽县令，到任81天，碰到浔阳郡督邮，属吏说："当束带迎之。"陶渊明叹道："我岂能为五斗米折腰向乡里小儿！"于是，陶渊明授印去职，他13年的仕途之路自此结束，此后，便过上了"采菊东篱下"的隐居生活。陶渊明在这个时候开始达到了另外一个境界。

这13年，陶渊明为实现"大济苍生"的理想抱负而不断尝试，但是由于当时社会环境的限制，陶渊明不断失望，终至绝望。可以说，这13年，陶渊明是寂寞的，是痛苦的，因为他不求权势财富，为了不与人同流合污而几次辞职归隐，只希望能为苍生贡献一点儿力量，这是一条十分辛苦的道路。他发出了"不为五斗米折腰"的感慨，这也是他13年仕宦生活的写照总结。因为这种思想，他在仕途上是寂寞的，辛苦的。最后，陶渊明终于认清社会现实，开启了自己的隐居人生，躬耕自资，寄居田园，寄情山野，纵情诗歌，开创了田园诗一体，为我国古典诗歌开创了一个新的境界，成为了我国文学史上一个有重要影响的诗人。不仅如此，陶渊明固守寒庐、寄意田园、冲淡渺远、恬静自然、超凡脱俗的人生哲学也对我国文人的思想产生了深远的影响。

陶渊明的归隐是一种人生的选择，是一种对"举世皆浊""众人皆醉"的厌恶。陶渊明的隐居生活并非完全的出世，他隐居本身就是与黑暗现实不同流合污的一种反抗，这和逃避现实不一样。这种人生选择，同那13年的仕途生活一样，都是一种寂寞的坚守。正是因为这种对寂寞的坚守，才让陶渊明体会更深，成为一位旷古绝今的人物。

寂寞其实是对内心的一种历练，是人生的一种选择，是面对诱惑时的从容镇静。耐得住寂寞才不会被生活所操纵，才会掌握人生的主动权。生活归根结底是自己的，不是别人的，不要太在意生活中的得失。人生结束时，你带不走任何东西，而你能为社会留下什么，才是你人生的价值所在。因此，耐得住寂寞更是人生的一种自我超越，在寂寞中，抖落满身尘埃，心灵得到休憩，这更是一种大境界，远远超过一般意义上的成功。

男孩在慢慢实现自己的梦想的时候，一定要做好迎接一切挑战的准备。在通往成功路上的挑战不仅是那些痛苦的、有形的灾难，还有很多无形的诱惑。在实现梦想的途中，你可能会非常辛苦，会感到孤独，于是便早早放弃了坚守，寻求安逸、温暖。这个时候你的梦想就被搁浅，你的成功之路到此中断，你也就成为了一个碌碌无为的人。守住寂寞，不惧孤独，你才能最终战胜困难，成就梦想。

你不可不知的道理

但凡成功之人，往往都要经历一段没人支持、没人帮助的黑暗岁月，而这段时光，恰恰是沉淀自我的关键阶段。犹如黎明前的黑暗，挨过去，天也就亮了。所以说，耐得住寂寞才是一个人自我丰富成熟的重要标志，也是一个人能够做出一番成就的重要条件，更是一个人能够收获幸福、守住幸福的重要因素。

延伸阅读

陶渊明，东晋末期诗人、文学家，字元亮，号五柳先生，门人私谥为靖节先生，曾做过几年小官，后辞官回家，从此隐居。田园生活是陶渊明诗的主要题材，代表作有《饮酒》《归园田居》《桃花源记》《归去来兮辞》等。陶渊明的诗文重在抒情和言志，在平淡醇美的诗句中蕴涵着炽热的感情和浓郁的生活气息。陶渊明的不朽诗篇及伟大人格，影响了李白、杜甫、白居易、苏东坡、辛弃疾等后代文人的思想和创作，他为中国文学的发展和繁荣做出了不可估量的贡献。

男孩，沉得下来才能飞得上去

有个关于鱼类诞生的传说。传说中，上帝造了一群鱼，种类繁多，黑白相间，大小各异，甚是喜人。为了让它们很好地在海水里生存，上帝把它们的身体做成了流线型，而且十分光滑，这样游动起来就会大大减少来自海水的阻力，轻快很多。上帝使每种鱼都拥有短而有力的鳍，使鱼可以在海水里自由自在地游动。

上帝把它们撒向大海的时候，忽然想起来一个问题：鱼身体的比重大于水，这样的话，鱼一旦停下来，就会沉入深深的海底，而海水的压力会把鱼活活地压死。于是，上帝赶紧找来这些鱼，又给了它们一个法宝——鱼鳔，一个可以增大或缩小的气囊，让鱼可以通过控制它来调节自己的上升或下沉，还可以根据需要停下来休息。出乎意料的是，上帝怎么也找不到鲨鱼。鲨鱼太调皮了，一入海，就消失得无影无踪了。上帝想，或许这就是命运的安排吧！既然找不到，那就随它去吧！上帝想到鲨鱼可能会因为没有鱼鳔而最后成为海洋的弱者，甚至失去生命，不免悲伤连连。

亿万年后，上帝想看看他的那群鱼儿到底怎么样了，而他尤其想知道，当初没有鱼鳔的鲨鱼是否都被别的鱼吃光了。

上帝找来了鱼家族。这时，他已经分不清它们了，经过亿万年的变化，所有的鱼都变了模样，已经丝毫看不出当初的影子。

上帝问："哪个是鲨鱼？"这时，一群体格硕大、威猛无比、神采飞扬的鱼游上前来，其他的鱼见状都躲得远远的，它们就是海中的霸王——鲨鱼。上帝很吃惊，怎么可能？当初，只有鲨鱼没有鱼鳔，它们的处境要危险得多，可现在却成了鱼类的佼佼者。这到底是怎么回事呢？

鲨鱼看出上帝的疑惑，说道：我们没有鱼鳔，所以我们刚开始只能沉入海底，但是海底的压力实在太大了，它随时都有可能让我们死无葬身之地；为了摆脱这种压力，我们决定不断地努力向上游动。亿万年来，我们从来没有停止过抗争，游动和抗争就成了我们的生活方式。因此，我们练就了最强壮的体魄，成了海中的霸王。听完这番话，上帝恍然大悟地笑了。

中国有句话叫多难兴邦。对我们个人来说，在磨难中学会沉下心来，好好思考如何前行，也是帮助我们成熟并走向成功的最好阶梯。如我国著名历史学家蔡尚思，年轻的时候曾经多次失业，最后一次被解聘后，他没有什么事情可以做，便一头钻进了南京图书馆，利用一年多的时间翻阅完数万卷的历代文集，搜集了大量的资料，这为他日后的研究打下了扎实的基础。因此，他的朋友说他"这段生活与其说是失业，还不如说是得业"。事物的发展都有两面性，厄运和幸运也是相伴而生的。如果在磨难来临时选择沉下心来，用积极的态度面对人生，面对眼前的困境，你看到的将是更多的机遇。

男孩，或许你认为自己从小天资聪颖、成绩优良、家庭富裕，在家人的庇护下前途一片光明。如果是这样，那么你是幸运的，但是同时也是不幸的。幸运的是你的起点比同伴们高，不幸的是如果你仅仅沉湎于先辈们给予的一切，那么你将很难找到自己的闪光点和突破口。一个平凡修理工的故事，或许可以给你启发。

一位汽车修理工说，他原是工厂里一个朴实能干、技术过硬的好工人，他辛辛苦苦努力工作赚来的钱刚好可以养活妻儿。然而，由于企业经营不善，他成了一名下岗工人。没了工作，没了工资，拿什么来养家呢？而此时，妻子需要钱来治病，女儿需要钱来读书，全家的日常生活也需要钱来维持……男儿有泪不轻弹，他此时却流泪了。但是他并没有让自己一直这么悲伤下去。他先去农贸市场卖菜，后来又卖过冰棍和水果。在那段艰难的日子里，他还坚持每天带回来一摞关于汽车维修方面的书晚上学习。人们见他生活如此困窘还天天看书，就问他为什么，他带点儿调侃地说："书是粮食嘛！"终于有一天，他租了间门面开了汽车维修部，他依然没有停止学习，后来修理部的生意越来越好。再后来，他用自己赚的钱买了属于自己的楼房，还送女儿读了大学。生活日渐好转，妻子的心情也好了很多，病情也日见好转。他说："从内心讲，我得感谢下岗，要不，做梦也不敢想买房的事情。"

男孩，一名普通的汽车修理工在苦难来临时并没有倒下，而是沉下心来学习，不断与命运抗争，不屈不挠地赢得了自己的人生，他的人生比之前更精彩。

《史记·滑稽列传》记载了这样一个故事。有一个大臣对齐威王说："有一只鸟，三年来，既不飞，也不叫，您知道这只鸟叫什么鸟吗？"

齐威王说："这只鸟不飞则已，一飞冲天；不鸣则已，一鸣惊人。"

　　大臣说的鸟就是齐威王，而齐威王回答说，我沉下心来好好研究治国之道，让自己的力量变得强大，然后突然间起飞，一下子就能窜上天，翔于九天之上，叫声下达人间，让大家都对我刮目相看。通过这个故事，男孩一定要懂得：只有沉得下来，才能飞得上去。

你不可不知的道理

　　古语云："塞翁失马，焉知非福。"鲨鱼没有鱼鳔，从上帝的角度来看，鲨鱼是不幸的，但若是从鲨鱼的角度来看，它战胜了环境的恶劣，最终成为海洋的霸王却正缘于此。假如鲨鱼一开始就拥有上帝给的鱼鳔，它就没有必要不断地游下去，它会在想休息的时候休息，想嬉戏的时候嬉戏，悠然自得地生活着，那么就算再过亿万年，鲨鱼也还是最初的鲨鱼，和别的鱼没什么区别，今天海洋的霸王也就不会是它了。

延伸阅读

　　鱼鳔又称"鱼泡"。300多年来国内外的教科书里都这样认为：它是鱼体内一种特殊的器官，鱼可以通过改变鱼鳔中空气的多少，来控制自己的上浮和下潜，这基本上成了一种常识。聪明的人们还因此发明了一种现代化的武器——潜水艇。

在被恐惧征服之前就战胜它

麦克·英泰尔是一个平凡的上班族，至少在37岁以前是。每天早上他起床后吃几口吐司，便匆匆赶往办公室。他是一名记者，每天马不停蹄地采访、写稿，当然待遇也不错。

但是在37岁那年，他做了一个疯狂的决定，这个决定让他今后的生活发生了翻天覆地的变化。他放弃了薪水优厚的记者工作，把身上的钱送给了街边的流浪汉，然后收拾了几件干净的内衣裤，从阳光明媚的加州开始，靠搭便车的方式横穿美国。

麦克的目的地是位于美国东海岸的北卡罗来纳州的恐怖角。

这是在某个午后他毅然做出的决定，那天麦克却莫名其妙地哭了，因为他问了自己一个问题：假如上帝通知我明天就是我的死期，我会后悔吗？

虽然麦克有不错的工作、漂亮的女友，和朋友关系融洽，但是他发现自己这辈子没有任何高峰或者谷底。他认为，人生之所以这样平顺，并不是上帝的照顾，而完全是因为自己的懦弱。他不敢前进一步，生怕有什么危险。

在眼中充满泪水的那一瞬间，他选择了北卡罗来纳州的恐怖角作为最终目的地，借以象征征服生命中所有恐惧的决心。

那个下午，他开始检讨自己，很诚实地列出了自己的恐惧清单：怕猫，怕蛇，怕蝙蝠，怕保姆，怕邮差，怕黑，怕热闹也怕孤独，怕失败也怕成功。他发现自己无所不怕，他为自己懦弱的上半生而哭泣。

于是便有了那个决定，他首先要让自己一无所有，然后走向未知的世界。他选取恐怖角作为目的地，他想要看看恐怖角究竟有多恐怖。

37岁，这个懦弱的男人上路了，4000多英里路，仰赖82个陌生人的仁慈到达了恐怖角。一路上，他靠打工换取过住宿，但是从来没有收过任何金钱上的馈赠，风餐露宿是家常便饭，他还遇到过精神病患者、公路分尸案杀手及劫匪。他终于来到恐怖角，接到了女友寄给他的银行卡（他看见那个包裹时恨不得跳上柜台拥抱邮局职员）。他的冒险旅程终于结束了。这次艰难的旅程，他不是为了证明金钱无用，而是想用这种正常人难以忍受的艰辛旅程来迫使自己面对所有的恐惧。

麦克到达了恐怖角，他发现恐怖角并不恐怖。后来他了解到，"恐怖角"这个名称是由一位16世纪的探险家取的，他当时取的是"Cape Faire"，但是最后被误传为"Cape Fear"。

麦克·英泰尔终于明白："这个名字的不当，就像我自己的恐惧一样。我现在明白自己一直害怕做错事，我最大的耻辱不是恐惧死亡，而是恐惧生命。"

遇到未知的风险，每个男孩可能都会担惊受怕、忐忑不安，恐惧是男孩不想面对不敢面对时的心理状态。之所以恐惧，是因为害怕未来，害怕风险。未来对你而言常常是一片漆黑，犹如你独自行走在漆黑的山路上，前面究竟有没有毒蛇，有没有猛兽，有没有歹徒，有没有陷阱，有没有悬崖，你全然不知。处在这种境地，你当然很容易恐惧。恐惧是正常而普遍的，但是并不是不可战胜的。面对困难，恐惧只能使你走向失败。只有勇气才能引导你走出逆境。

有出息的男孩应该学会控制情绪，用理性和行动克服自己的恐惧心理，并最终战胜它。

其实，很多名人也有过畏惧的经历。英国首相丘吉尔曾说，每次演讲时他都觉得胃里像放着一块冰。大科学家牛顿承认自己在演讲前抖动不已，大喊大叫。要克服恐惧，男孩就不要逃避困难，要像成功者那样主动去挑战困难、克服恐惧。美国作家马克·吐温说过："所谓的勇敢不是无所畏惧，而是战胜恐惧、驾驭恐惧。"其实，面对或逃避是一种习惯，男孩要培养勇敢面对的精神，就要不断地向自己害怕的事物挑战。任何领域的一流高手，都是因为最后能勇敢面对他人所畏惧的事，不断鼓励自己，坚持下去，才得以出人头地，从而取得了成功。

男孩，如果你觉得恐惧，就试着深呼吸，让自己放松，再放松，直到心情平静下来的时候，你显意识中的积极思想就会渗透到你的潜意识中去。一旦这些积极的思想渗透到你的潜意识里，它们会犹如种子一般发芽结果，你会因此镇静下来，不再恐惧，而你想要的成功结果，往往也会随之而至。

你不可不知的道理

在被恐惧征服之前就战胜它，成大事者就应该有一种大无畏的精神。这样一种精神，这样一种状态，传达给人积极的信息，坚定人的信念，让人精神抖擞地去做事情。

延伸阅读

萧伯纳，1856年生于爱尔兰，1925年获得诺贝尔文学奖，是现代杰出的剧作家，是世界著名的擅长幽默与讽刺的语言大师。他最著名的剧作有：《鳏夫的房产》《华伦夫人的职业》《武器与人》《真相毕露》等。20世纪30年代初，萧伯纳访问苏联和中国，与高尔基、鲁迅结下诚挚友谊。

忍耐克制绝不是懦弱

历史上，韩信忍受了"胯下之辱"，但并没有人说他懦弱。

《史记·淮阴侯列传》开头这样记载："淮阴侯韩信者，淮阴人也，始为布衣时，贫，好带刀剑。"这句话给我们传递出了什么信息呢？韩信曾经只是一介平民，只能穿用麻布做的衣服，穷困潦倒，但是却喜欢佩带刀剑四处晃荡。那你是不是会问，韩信一个贫穷老百姓怎么会有刀剑可佩？关于这个问题有人研究得知，韩信祖上是贵族，此剑乃家传之物。原来韩信是一个破落的贵族，因为当时只有贵族才有剑可佩，只有剑才能彰显其高贵的身份和风流倜傥的气质。

司马迁在《淮阴侯列传》里这样描述韩信：没有德行又没什么本事，地方上招募最低级的公务员——"吏"的时候大家都没理他，他也不会经商，天天游手好闲，到处混饭吃，今天这家，明天那家，所以当地的人都很讨厌他，一个大男人，天天什么事情也不做，就知道到处蹭吃蹭喝。最后就连他经常去混饭吃的南昌亭长（当时的行政区划十里为亭，十亭为乡）家也忍无可忍，最后把他赶走。他这人脾气还特别大，一怒之下与亭长绝交，从此老死不相往来。

然后，他就跑到河边钓鱼。正好，河边有一个洗絮的妇人，当时这种人被称为漂母——那时候丝绵的棉絮要到河里面洗一洗。漂母每天来洗絮的时候都会自己带饭，这个好心肠的漂母，看韩信没饭吃，就可怜他，每天把自己带的饭分给他吃。有一天，她做完工后，就跟韩信说，明天我就不来了，以后的吃饭问题你自己想办法解决吧。韩信说，谢谢大娘，将来我一定厚报你。漂母说，大丈夫不能自食其力，还说什么厚报，我只不过是同情你罢了，别说大话了。

也正是因为他不讨人喜欢，大家就都瞧不起他。有一天，淮阴市面上有一个地痞无赖当街羞辱韩信，说："韩信，你过来，你这家伙，个子长得挺高的，平时还神气地带剑走来走去的，我看，你就是个十足的胆小鬼！"他这么一喊，呼啦围上来一圈人看热闹。这家伙一看，就更嚣张地叫道："韩信，你不是有剑吗？你不是不怕死吗？你要不怕死，就拿剑来刺我啊？你敢给我一剑吗？不敢吧？那你就从我的两腿之间爬过去。"

大家都把目光齐刷刷地投向韩信，都在等着韩信到底是杀还是爬。司马迁用三个字来描绘韩信的心理活动："孰视之"。这个"孰"用的是"是可忍，孰不可忍"的"孰"，但是和成熟的"熟"是通用的。意思就是说，韩信盯着那个人看了一阵子，把头一低，就从那个无赖的胯下爬过去了，然后趴在地上。围观的人看到这种情景，都笑了。这就是有名的"胯下之辱"。

胯下之辱，对一个男人来说是奇耻大辱。韩信既然是一个破落的贵族，那就是士，我们都知道一句话"士可杀不可辱"，那么韩信为什么要接受这种奇耻大辱？他究竟是英雄还是懦夫？

对此，柏杨先生有个很有意思的说法，不要简单地认为弯下膝盖就是懦弱，这其中还分两种情况：第一种是已经吓得丢掉了魂，扑通一声跪了下来，这是懦夫；还有一种是先弯一下，然后往上蹦，我们知道只有蹲下后才能跳得更高，如果是为了将来而现在蹲一下，这就是英雄。如果是别人惹你，你就一下扑上去，一口咬死不放，这算是什么？是螃蟹。

男孩，韩信是懦夫吗？当然不是！如果他当时刺了一剑，也就没有"萧何追韩信""韩信会刘邦"，他最终成为西汉开国功臣的故事了！一个为了远大理想忍辱负重的人，他就是英雄。当时，萧何用四个字来评价韩信——"国士无双"！男孩，在韩信的故事里，你领悟到了什么？必要的忍耐克制绝对不是懦弱！

有一番作为的人都有忍耐的功夫。如曾国藩在建立自己的事业时屡屡受挫，几次都差点儿绝望甚至自杀，最后却成就了功业。另外，他还深知学问、事业、友谊对人的影响很大，因此他访师择友极为留心，他说："凡做好人、做好官、做名将必须交名师良友。"

男孩，看看韩信、司马迁、曾国藩，他们在面对屈辱或受挫的时候，恬退隐忍，因为在他们心里有更重要的事情要做，这才是大丈夫作为！

男孩，你的人生已经起步，在屈辱、挫折面前适度忍耐，把握好航道向理想出发吧！

你不可不知的道理

莫大之祸，皆起于须臾不能忍；能忍人所不能忍，方可为人之不能为。大智大勇者必能忍小耻小辱。人是一条鱼，社会是缸水，如你是条热带鱼的话，就必须降低体温而非使水温上升。生存要适应社会，你适应不了就过不了关。故一个有目标的人、明哲之人在坚持内心准则的情况下，要学会忍耐或忍辱负重。

延伸阅读

国士无双：指一国独一无二的人才。国士：国中杰出的人物。出自《史记·淮阴侯列传》："诸将易得耳，至如信者，国士无双。"

秦朝末年，韩信因得不到项羽的重用而投奔刘邦，开始也没有得到重用，但是萧何认为他是一个不可多得的人才，于是极力向刘邦推荐。刘邦敷衍应付，韩信不辞而别，萧何只好月下追回韩信，并对刘邦说他是"国士无双"，后来刘邦拜韩信为大将。

我们不用羡慕别人拥有多少

公元前4世纪，西西里东部的叙拉古王狄奥尼西奥斯打击了当时的贵族势力，建立了雅典式的民主政权，西西里最富庶的城市开始由狄奥尼西奥斯统治。

狄奥尼西奥斯住在华丽的宫殿里，宫殿极其奢华舒适，数以万计的侍从和奴仆服侍这位国王。

当时国王有一位叫达摩克利斯的宠臣，他经常对国王说："国王是天赐的幸运，你拥有人们想要的一切，你是这个世界上最有权势最幸福的人。"达摩克利斯经常对狄奥尼西奥斯说这样的话，让国王都听腻了。他想到整个王国中，肯定有不少人抱有和达摩克利斯一样想法的人，他们嫉妒自己，甚至想取而代之。越往深处想，国王越有些担忧，自己建立的雅典式政权本来就受到很多贵族的反对，嫉妒之心会让这些人不择手段。狄奥尼西奥斯决定想一个办法制服这些人。

有一天，当达摩克利斯又开始说羡慕国王的话时，狄奥尼西奥斯说："你真的认为我比别人幸福吗？那么我愿意和你换换位置。你可以感受一下我所遭受的一切。"

达摩克利斯真不敢相信竟然有这样的美事，于是他穿上了国王的衣服，戴上王冠，佩上国王的宝剑，然后，由侍从带领到宴会厅的桌边，桌子上摆满美酒佳肴和鲜花，整个宴会厅充满了沁人心脾的香水味，演奏人员也开始演奏起动人的乐曲。

达摩克利斯看着这一切，心中真是说不出的满足，看看这国王衣袍是多么华美，看看这特制的酒杯是多么精美，看看这桌上的鲜花是多么芬芳，听那音乐是多么动人，看那些仆人是如此尊敬自己。达摩克利斯从下向上打量起整个皇宫来，一瞬间感觉这世界都是自己的，自己就是这个世界的主宰。

回到宝座上，他仰起头想看看天花板上的壁画，但是一瞬间他的身体就僵住了，笑容也消失了，他脸色煞白，拿着酒杯的手也开始颤抖起来。他眼中充满了恐惧，再也没有迷恋和羡慕，这时候的他只想跑出皇宫，越远越好。

原来，在国王宝座的正上方悬着一把宝剑，剑柄由一根马鬃系着，那把剑随时都可能从上面掉下来，刺穿下面人的头颅。

　　他放下酒杯，摘下皇冠，从椅子上滑下来，指着头顶上的宝剑，哆哆嗦嗦地说不出话来。狄奥尼西奥斯见达摩克利斯这副神情，知道自己的计策奏效了，他说："怎么了，达摩克利斯？你怕那把随时可能掉下来的剑吗？我天天看见，它一直悬在我的头上，说不定什么时候什么人就会斩断那根细线，或许哪个大臣垂涎我的权力想杀死我，或许有人散布谣言让百姓反对我，或许邻国的国王会派兵夺取我的王位，或许我的决策失误使我不得不退位。如果你想做统治者，你就必须承担各种风险，风险永远是与权力同在的。"

　　坐在地上的达摩克利斯幡然醒悟，镇定了一会儿，然后从地上站起来，对狄奥尼西奥斯躬身说道："我现在完全明白了，除了财富和荣誉，您还有很多忧虑和责任，这些都是相应的。这既是您的幸运，又是您的不幸。我不再羡慕您了。"

　　之后，达摩克利斯也和其他贵族说起此事，这些贵族也感觉这样的责任与危险是自己无法承担的，因此很多贵族都打消了谋反的念头。

　　一个人拥有多大的权力，那么他就要负多大的责任。一个人获取多少荣誉地位，那么他就要付出同样多的代价。我们总是羡慕别人拥有什么，就像达摩克利斯羡慕狄奥尼西奥斯一样，但是从来都没有想过别人为拥有这些付出过多少努力、多少代价，更不知道他们将承担多少责任。

　　羡慕虽然对别人没有伤害，但对自己的心理平衡却有着很大的破坏性。经常羡慕别人的男孩感受不到快乐，即使自己已经很幸福却无法感受到，即使自己取得了进步和成绩，还是没有成就感。总是羡慕别人的男孩会因为没有得到某些东西而觉得不快乐。

　　有两只老虎，其中一只可以在森林里自由驰骋，另外一只被圈在笼子里。森林里的老虎羡慕笼子里的老虎，因为笼子里的老虎不用自己找食物，而笼子里的老虎羡慕森林里的老虎自由。这样，两只老虎互换了生活环境，结果两只老虎都死了。因为长时间在笼子里的那只老虎早就失去了野性，失去了捕猎能力，它自己找不到食物，最后饿死了。而那只整天在森林里跑来跑去的老虎到笼子里后，并不适应不愁吃喝但没有自由的生活，最终也是悲剧收场。

　　羡慕是没有意义的，只会使自己不能专注于本来应该追求的事业上。更重要的是，别人拥有的东西不一定就是你需要的，不一定就比你现在拥有的好。如果你想要拥有和别人一样的东西，那么从这一刻起你就要付出和别人同样的努力，坐在板凳上空羡慕，对改变你的生活没有任何帮助。

　　而且，羡慕很容易就会变成嫉妒。嫉妒是心灵的枷锁，是一种可怕的情绪，它会产生强烈的力量，来毁灭我们的人际关系和生活。嫉妒会让我们忘记自己对生活的真正愿望和需要。

　　优秀的男孩应该调整好自己的心态，不过分羡慕他人，更不去嫉妒别人，朝着自己的既定目标去努力，这样才能真正获得快乐，取得成功。

· 你不可不知的道理 ·

　　不要以为别人手中的就比你手中的好，不要这山望着那山高，羡慕别人并不能给你带来成功。只有知道自己真正需要什么，并为之付出努力的人，才能最终品尝到成功的甘泉，而那些空想家最终只能一事无成。及时制止住自己的羡慕甚至嫉妒情绪，别因为一时的迷茫而忘记享受你现在所拥有的。告诉自己，你真正需要的是什么，然后为此而努力。

延伸阅读

西西里岛属于意大利，位于亚平宁半岛的西南部，是地中海最大和人口最稠密的岛，是地中海文明的地理中心。特殊的地理位置使它极易受外来力量的攻击，从公元前5世纪起，它就成为希腊人、罗马人争夺的战略要地。公元9世纪，阿拉伯人建立了盛极一时的环地中海帝国，后来他们占领了西西里岛，开始了长达250年的统治，穆斯林文化传入西西里岛。这里辽阔而富饶，气候温暖，风景秀丽，盛产柑橘、柠檬和橄榄油，历史上被称为"金盆地"。

8 Chapter 伟大是管理自己：把每一件事都做到精彩绝伦

有时候男孩想要做得更好，并不是需要多强的能力，男孩所需要的，只是为了目标心无旁骛，投入所有的时间并发挥自己所有的才干。只有把每一件事情做到最好，才能让自己更卓越；只有比对手更专注，才能将竞争对手抛在身后。男孩要成功，要成为一个伟大的人，首先就要把自己管理好。

只有比对手更专注，才能将他抛在身后

有人向拿破仑请教打胜仗的秘诀，他说："就是在某一点上集中优势兵力，各个击破。"其实，这就是专注。有一个男孩说："我每天要做的事情很多，除了上学之外，我还要学琴，学绘画，学书法，还要学滑冰和跆拳道。妈妈说，我必须多才多艺，将来才能更出色。"有这

样经历的男孩是否认为，自己可以在各方面都能成为高手呢？你有没有想过自己最擅长做什么？自己要在自己的专长上花多少时间才能做到最好？

在一次聚会上，几个人赞美一个年轻的画家这么年轻就取得了这么多成绩，办了这么多画展，一定天赋异禀。他笑着说："有什么天赋啊，要不是我爸打醒了我，我现在可能什么都不是呢。"接着，他讲了他小时候的一件事。可以说，这件小事改变了他的一生。

小时候，他非常聪明，不仅学习好，还会唱歌、弹琴、画画，运动能力也不错。他曾经非常得意，认为自己是最聪明的孩子。今天学校歌唱比赛，他去伴奏；明天开运动会，他要参加800米长跑；放学后，还要和伙伴一起踢足球。但是，这样的状态持续了一段时间之后，他发现自己的学习成绩直线下降。不过，他还是每天忙忙碌碌。

一天晚饭后，父亲把他叫到跟前，对他说，我们今天来做个实验吧。父亲准备了一个小漏斗和一捧花生，然后捏起一粒花生投到漏斗里面，花生顺着漏斗滑到碗里。很快，碗里已经有了十几粒花生。最后一次，父亲把余下的花生一下子都放到漏斗里面，花生堵在了漏斗口，一粒也没有掉落下来。他不明白父亲做这个实验想告诉他什么。

父亲意味深长地说："你就像这漏斗一样，一粒花生代表一件事。每做好一件事，你就有一分收获。但如果你想把所有的事情都放到一起来做，反而连一分收获都没有。"20多年过去了，他一直铭记着父亲的教诲。后来他专心于绘画，才取得了今天的成绩。

有时候，男孩要做得更好，并不是需要多高的能力，男孩所需要的，只是为了目标心无旁骛，投入所有的时间并发挥自己所有的才干。只有更专注，才能让自己更卓越。只有比对手更专注，男孩才能将对手抛在身后。

法国的博物学家拉马克是家中最小的孩子，最受父母宠爱。父亲希望拉马克长大后能做一名牧师，所以就把他送到神学院读书。但拉马克很快就迷上了气象学，想当一个气象学家，后来他又想当一个金融家；后来他又爱上了音乐，整天拉小提琴，想成为一个音乐家……这时，哥哥劝他当医生，于是他又学医4年。

一天，拉马克在植物园散步时遇到了法国著名的哲学家卢梭。受到卢梭的点拨，"朝三暮四"的拉马克终于固定了自己的奋斗目标，他用26年的时间系统地研究植物学，写出了名著《法国植物志》。后来，他又用35年的时间研究了动物学，成为一位著名的博物学家。

有男孩问：为什么我一会儿想做这个，一会儿又想做那个，妈妈和老师总是说我没有定性，我想做事情有什么错吗？为什么一定要有定性？看了上面的故事，你明白了吗？人的精力是有限的，没有几个人是全能的，即使是全能的人，也无法同时做好几件事。把精力同时分散在几件事上，结果就是哪一件都做不好。

汤姆经常在闲暇时观察鸟类。他在树上做了好多鸟窝，在地上安装了喂鸟器，并定期在喂鸟器里投放鸟食。鸟食吸引了不少松鼠前来偷食。汤姆想了很多办法阻止松鼠来吃鸟食，但总是不奏效。

有一天，他在一家商店看到一种"防松鼠喂鸟器"，很高兴地买下它们。可是，第二天汤姆发现，松鼠们还是拜访了他的喂鸟器，并且偷吃了所有的鸟食。

汤姆很生气地找商店老板算账。老板说："先生，你要知道，这个世界上可没有真正的防松鼠喂鸟器。"

汤姆惊奇地说："你想告诉我，我们可以把人类送上月球，可以在几秒之内将信息送往遥远的地方。但是我们最顶尖的工程师和科学家都无法设计出一种有效的装置，可以把那种脑子只有豌豆大的啮齿类小动物阻挡在外？"

"是这样的，"商店老板说，"请问，你平均每天花多少时间让松鼠远离你的喂鸟器？"

汤姆想了想，回答说："我将食物放好后，大约会在原地等上十几分钟吧！"

老板继续问道："那你觉得松鼠每天花费多少时间盯着喂鸟器呢？"

汤姆马上明白了商店老板的意思：松鼠每时每刻都在盯着喂鸟器中的食物！在专注面前，无论怎样强大的喂鸟器都阻挡不住松鼠。

男孩，你现在明白了吗？如果你把心思都集中在一个点上，每天花上更多的时间做同样一件事，就像专注的小松鼠一样，那么没有什么困难能够难倒你。

专注就像螺丝钉，只有将尖锐的钉头集中在一点不停地旋转，才能把钉子钉到墙壁里面。专注会带来惊人的效率。在做一件事时，投入多少时间并不是最重要的，重要的是男孩是否能"连贯而没有间断"地去做。倘若你在做一件事情时三心二意，就不可能换来高效率。专注才能让男孩目标明确，心无旁骛。专注也是一种执着，男孩只有让自己不受外界的琐碎事困扰，才能全力向着自己的目标奔跑。

· 你不可不知的道理 ·

歌德曾这样劝告他的学生："一个人不能同时骑两匹马，骑上这匹，就要丢掉那匹，聪明人会把凡是分散精力的事都置之度外，只专心致志地做一件事，把一件事做好。"男孩只有努力将有限的精力投入到某一个领域中去，将来才能成为某个方面的专家。

延伸阅读

让·巴蒂斯特·拉马克，1744年生于法国皮卡第，1829年卒于巴黎，法国伟大的博物学家。他是早期的进化论者之一，1809年发表了《动物哲学》一书，系统地阐述了他的进化理论，被称为"拉马克学说"。书中提出了"用进废退"与"获得性遗传"两个法则，并认为进化既是生物产生变异的原因，又是适应环境的过程。达尔文在《物种起源》一书中曾多次引用拉马克的观点。

把时间花在最擅长的事上

哈佛大学教授哈恩曼说："即使你再羸弱、再贫穷、再普通，你仍然拥有别人羡慕的优势。"同为哈佛学子的微软公司总裁比尔·盖茨在总结自己的成功经验时说："做自己最擅长的事。"一个人若能够及早发现自己的兴趣，并且将兴趣培养成为专长，他就更容易获得成功。

迈克的父母都是物理学界的知名学者，父母希望迈克将来能够子承父业从事物理研究，但迈克对物理没有任何兴趣，却对经商情有独钟。他无法违背父母的意愿，只好白天在学校学习物理课程，夜里偷偷地学习有关商业及商业管理方面的知识，几乎到了如饥似渴的地步。迈克相信，他的经商才能与商业知识足以使他在商界成名。

终于，父母同意他放弃物理专业，任由他选择自己的爱好，但声明不提供任何帮助。若干年后，积累了丰富商业知识的迈克终于在商界有了自己的一席之地，成为英国首屈一指的房地产大亨。

优点与天赋就是我们与生俱来的强项，男孩想要走成功的捷径，最好的办法就是找到自己的优势并将它充分发挥出来。但生活中，很多男孩往往很迷惑，他们思考了很久也找不到自己的特长，那不是因为你没有，只是它还没有被发掘出来而已。

有一个这样的孩子，他的父母简直伤透了脑筋。小时候在幼儿园里，老师必须为他在窗边独自设一个座位，因为这个孩子如果不能一直凝视窗外，马上就会哭闹不休，使得全班一团混乱，无法正常上课。从4岁到6岁，别的孩子都在老师的教导下接受启蒙教育，他却对着窗外的风景度过了人生最早的两年学校生涯。

后来，他上了小学，父母想，人长大了情况会好一些吧。没想到，因为儿子总是搞不懂课本上的知识，他们经常被老师叫到学校去，听老师训话，还要带着他到各个学校去看校长和老师的脸色，求人家收留他。但每个学校他都待不长，因为没有学校愿意接收这样一个笨孩子，连最差的学校都不愿意要他。最后，连父母都失望了，认为他是一个没有任何希望的笨孩子。多年之后，他才明白，自己并不笨，只是因为他对图形很敏感，而对文字一类的知识接受比较困难。

　　幸运的是，他的学习障碍并没有埋没他天才的绘画能力及丰富的想象力。他在回忆这段往事时说："我喜欢画画，从4岁开始，画画是唯一能让我完全放松的。在学校里画，书上、本上，所有空白的地方，我都画得满满的，回到家里，也是画画，外面的世界我没法待下去，唯一的办法就是回到自己的世界，因为这个世界里有我的快乐。在这一点上，父母从不给我压力，一直听任我自由发展。爸爸经常会裁好白纸，整整齐齐钉起来，给我作画本。"

　　在那个时代，如果不是表现很优异的学生是没有权利选择自己想上的大学的。因为学习成绩很一般，所以他被分到一所普通的大学。幸运的是，他被分配到了电影系学习影视专业，虽然这并不是自己的选择，但对于从小就喜欢用图像思维的"电视儿童"，这个专业还是比较适合他的。不过他从未间断画画。他发现和电影相比，漫画更能充分满足自己的喜好和发挥自己的特长。漫画非常个人化，只要自己专心就行了，创作者同时还兼导演、编剧等多种功能，既可以像导演一样选择人物形象、动作，又可以像编剧一样设计情节、对白。兴趣是最好的老师，有了这种坚持和热爱，他的绘画技巧日臻成熟。

　　1985年，他大专毕业要去服兵役，这时，一位报社编辑向他约稿，他埋头画了一个月后，把一套《双响炮》交给报社，然后去了一个很荒凉的小岛。半年后，他回到台北，才知道《双响炮》在台湾已经很红了。当时很多人一拿到报纸，第一时间就要看他的漫画专栏，然后才看其他内容。25岁的他在台湾一夜成名。

　　他的名字叫朱德庸，出生在台湾，是红遍海峡两岸的漫画家。今天的朱德庸幽默开朗，有他的地方总是笑声不断，对自己的"辛酸"往事，他早已释然，但他不能释怀的是"可能现在还有很多孩子像我过去一样苦苦挣扎，有没有人帮助他们走过这个艰难的阶段？希望幽默与漫画能给他们一点儿帮助。"

男孩，世上的路千条万条，但是不一定每条都适合你，所以在你彷徨之时，一定要记住这样一句话："垃圾是放错位置的宝贝，不是你没有能力和天赋，而是脚下这条路也许不适合你。"主动去寻找适合自己的路，男孩才能获得属于自己的成功。有的人很幸运，在青春时代就找到了适合自己的路，比如比尔·盖茨，但是有的人耗费了几乎半生经历，却一无所获。男孩们，不要盲目，要依据自己的特点好好规划自己的路，别人适合的不一定适合你，但是，适合你的路，就一定要好好去走。走在自己的路上，才能一路过关斩将，风雨无阻。

你不可不知的道理

成功就是当你醒来时，无论身在何处，无论年龄多大，你很快就能从床上弹起，因为你迫不及待地想去做你爱做的、你深信的、你有才华做的工作。这个工作比你个人伟大、神圣。你迫不及待地要起床，跳进它的怀里。

——著名记者怀特·霍布斯

延伸阅读

　　朱德庸，1960年出生于台湾，著名漫画家，其漫画专栏在台湾有10多年的连载历史，其中《醋溜族》专栏连载10年，创下了台湾漫画连载时间之最。他的漫画《双响炮》《涩女郎》《醋溜族》等在海峡两岸青年读者中影响极大，拥有大批忠实读者。

学会管理自己的时间

　　男孩是不是经常觉得自己的时间不够用？作业从早上写到晚上还是没写完，因为写作业的时间总是太少，而自己要做的事情又太多。从早上起床开始到晚上睡觉为止，你数数自己一共做了多少件事。除去吃饭、睡觉、看电视、游戏和发呆的时间，你用于学习的时间又有多少呢？这样一算，你觉得是你浪费的时间太多，还是拥有的时间太少呢？

　　有一位教授在台上做关于时间管理的演讲，这时，一个人递上来一张纸条，纸上这么写着："教授先生，我最近找了一份工作，我很喜欢这份工作，但是，我每天用在上班路上的时间近3个小时，我不想浪费这3个小时。但是，在摇晃的公交车上，我没办法阅读或听音乐，我无法搬家，我也不想失去这份工作，那么，我要怎么做才能利用路上的这3个小时呢？"

　　教授回答说："你首先要弄明白，你的时间中有哪些因素是属于可控制的，哪些因素是不可控的。例如，车子摇晃是无法控制的，而你可以掌控的就是换工作或搬家。"

这个人接着说："可是我不想搬家，我又非常热爱这份工作。"

教授答道："这样，你唯一能做的就是每天少睡两个小时，好好利用这段时间，然后在车上补觉。"

这个人又接着说："我已经习惯了原来的睡眠时间，改变过来会不习惯的。"

教授说："你每天晚上睡眠充足，第二天在车上发呆，又不愿意换工作或搬家，这样怎么能节省时间呢？"

男孩们是不是也经常这样给自己找借口，说自己没有时间？周一到周五要上课，晚上回家要写作业，还要按时睡觉，周末要上补习班，我的时间全部被占领了，已经没有多余的时间了。也有男孩抱怨自己要做的事情太多，每天都忙得团团转，希望自己能抽出一点儿时间来放松一下，玩一玩，看看电影，滑滑冰。总是感觉时间不够用，这是因为男孩不会管理时间，如果学会了管理时间，男孩不仅能够有充分的学习时间，还能够保证充足的休息和睡眠，甚至还能节省出更多的时间玩耍呢。

学生们在上课的时候发现讲台上放着一个瓶子、一堆沙子、一堆鹅卵石和一杯水。教授神秘地说："今天我们来做一个小小的实验。"

教授将鹅卵石一一放进瓶子里，直到瓶子里装不下为止，教授问学生："你们认为这个瓶子现在满了吗？""满了。"学生们答道。教授微笑着抓起一把沙子，沙子顺着鹅卵石的缝隙漏了下去，直到沙子填满了石子之间所有的空隙，再也漏不下去为止。"现在，这个瓶子满了吗？""这次满了。"学生们自信地回答，因为再没有东西能够钻过这些细沙的缝隙了。教授又笑了笑，他将旁边的那杯水拿起来倒进了瓶子里，水慢慢渗透下去，直到溢出来，教授才停下来。

　　"这个小实验说明了什么？"教授问。一个学生马上站起来说，"它说明，你的日程表排得再满，你都能挤出时间做更多的事。"

　　"有点儿道理。但是你还没有说到点子上。"教授顿了顿，说，"它告诉我们，如果你不是首先把鹅卵石装进瓶子里，那么你就再也没有机会把它们装进去了，因为瓶子里早已装满了沙子和水。而当你先把鹅卵石装进去时，瓶子里就会有许多你意想不到的空间来装下其他东西。无论你们做什么事情，都要先分清楚什么是鹅卵石，什么是沙子和水，并总是把重要的事情放在第一位。"

　　男孩，看完这个故事，你得到了什么样的启示？

　　有一个公司的经理去拜访励志大师卡耐基，看到他的办公桌干净整齐，居然没有文件夹或纸张，他感到很惊讶。

　　他问卡耐基："卡耐基先生，你没处理的信件放在哪儿呢？"

　　卡耐基说："我所有的信件都处理完了。"

　　"那你今天没干的事情又推给谁了呢？"

　　"我所有的事情都处理完了。"卡耐基微笑着回答。

　　看着经理困惑的眼神，卡耐基解释说："原因很简单，我知道我需要处理的事情很多，但我的精力有限，一次只能处理一件事，于是我就按照所要处理的事情的重要性，列一个优先表，然后一件一件地处理。结果，都处理完了。"说到这里，卡耐基双手一摊，耸了耸肩。

　　"哦，我明白了，谢谢你，卡耐基先生。"

　　几周以后，这位公司经理请卡耐基参观他宽敞的办公室，并对卡耐基说："谢谢你教给了我处理事务的方法。过去，在这宽大的办公室里，我要处理的文件、信件等等堆积如山，一张桌子都不够，就用三张桌子。自从采取你的方法以后，再也没有处理不完的事情了。"

　　每天从最重要的事情开始做起。晚上睡觉前，男孩要想想，明天上学时我要带什么，把它们准备好，要穿的衣服叠好放在枕边，要带的书和文具整理好放到书包里，直到所有该准备的东西都准备好了，关灯，上床睡觉。周末给自己订计划时要想，我必须要做的事是什么，我最想做的事是什么；把这些事都做完之后，我还可以做什么。想好之后，把它们写在便笺上。记住，必须要做的事你无论如何都要第一时间完成它，而那些重要但并非一定要马上完成的事，可以在适当的时候完成。当你学会用最短的时间做完必须做的事时，你会发现，你还有大把的时间做一些在别人看来很奢侈的事。是不是经常有同学抱怨说，我暑假要上补习班，可是我好想去旅行。当他们知道你不但旅行了一圈，而且还在假期学会了游泳时，不知道有多羡慕呢！

　　罗斯·佩罗曾说："凡是优秀的、值得称道的东西，每时每刻都处在刀刃上，要不断努力才能保证刀刃的锋利。" 男孩在实现自己的人生目标过程中，往往会被那些细枝末节和毫无意义的杂事分散精力，以致于舍本逐末，走到岔路上去。所以，男孩要养成按事情的轻重缓急管理时间的习惯，安排计划之前，要对事情的轻重缓急做到心中有数，过滤掉那些琐碎的事情，便可将学习和工作的效率最大化。

···· 你不可不知的道理 ····

　　再过20年，男孩有可能成为政府官员、公司领导、企业家、医生、作家、某一领域内的专家……所以，男孩要解决的第一个问题就是，明白自己将来要干什么，只有这样，男孩才能持之以恒地朝这个目标不断努力，把一切和自己无关的事情都尽可能丢掉。

延伸阅读

实际上，卡耐基的时间管理方法很简单，共分三步：

第一，把事情依轻重缓急的顺序排列，先做重要的事；

第二，衡量自己的能力和精力，确定在自己最努力的情况下每天可以完成几件事，既不要超过自己的能力范围，又不要小于自己的能力范围。

第三，根据自己的能力，在尽心尽力的情况下，分析自己一天可以完成哪几件事，然后按照优先顺序列一个表，先去做那几件重要的事，全力以赴，专心做好，其他的事暂时不要去管。

实际上，大多数人不是真的事情多得忙不过来，而是每件事情都没有做完，留下小尾巴，才导致事情越积越多。如果男孩每天全力以赴把该做的事情都做完，不留尾巴，那么你就会发现，很多事情就这样干净利索地完成了，甚至还会觉得自己太"闲"了呢！

不要忽视细节

黄河沿岸有一个村庄经常遭受水患，因此村里人修筑了一条长堤。长堤果然阻挡了水流，村子不再遭受洪水侵袭。

十几年后，有一个老农在长堤附近发现了很多蚂蚁窝。老农有些担忧，怕这些蚂蚁窝会损害长堤，因此赶紧去报告村长。在路上，老农碰到了儿子，儿子听父亲说完，不以为然，认为长堤如此坚固，几只蚂蚁是损坏不了长堤的，而且长堤也没有被损害的迹象。老农听儿子这样说，也觉得自己有些杞人忧天了，因此就没有向村长报告，慢慢地，也就将这件事淡忘了。

有一年夏天雨水格外多。一天晚上风雨交加，黄河水暴涨。奔腾咆哮的黄河水从蚂蚁窝开始渗透，继而喷射，终于冲垮长堤，淹没了沿岸的大片村庄和田野。

这就是"千里之堤，溃于蚁穴"这个成语的来历，可见对细节的忽视和麻痹都会带来难以想象的后果。100减1有时并不等于99，而是等于0，因为1%的错误经常会导致100%的失败，这就是功亏一篑。

细节决定成败。有人在面试的时候因为捡起地面上的一张废纸而于万千精英中脱颖而出，并得到录用；有的商店老板在销售的时候赠送小礼品，结果生意红火；有的人在朋友生日时从来不忘送上生日祝福，而使友谊长存；有的人在设计商品时总是尽可能全面地将消费者的需求和现实情况考虑清楚，从而使自己的设计受到欢迎。这些人重视细节，全面客观地考虑所有的情况，这样做出来的决定才接近完美，也更容易获得成功。

密斯·凡·德罗是20世纪世界上伟大的建筑师之一。这位建筑师在总结自己成功的原因时只说了5个字："魔鬼在细节。"德罗在设计时会精确测算每个座位与音响、舞台之间的距离，以及因为距离差异而导致不同的听觉、视觉感受，计算出哪些座位可以获得欣赏歌剧的最佳音响效果，哪些座位最适合欣赏交响乐，不同位置的座位需要做哪些调整方可达到欣赏芭蕾舞的最佳视觉效果。更重要的是，他在设计剧院时要一个座位一个座位地亲自去测试和敲打，根据每个座位的位置测定其合适的摆放方向、大小、倾斜度等等。就是这样精细的设计，使德罗设计的这些戏剧院现在看来依然十分完美。德罗反复强调，如果一个建筑师在作品的细节上把握不够到位，那么不管他的作品多么恢宏大气，也不能称为一件好的作品。

可见，细节的准确、生动可以成就一件伟大的作品，细节的疏忽会毁坏一个宏伟的规划。

生活中细节的影响力无处不在。不经意的细节往往能够反映出一个人深层次的修养和品性。大部分男孩都习惯大而化之，他们粗线条，不习惯进行过多的思考，不喜欢详细地计划，大多时候都是凭感觉做事。他们做事有目的性，但是很少考虑过程和环节。他们的大脑自动过滤小事和细节，这也导致男孩做事粗糙。男孩在学习上更容易马虎，他们有着良好的逻辑思维能力，但是经常会看错题目，会点错小数点，会写错数字，因此尽管方法是正确的，但是算出来的结果却是错误的；在为人处世上，他们不会察言观色，很少去考虑他人的想法和意见，习惯让别人跟随自己，接受自己的领导，总是让自己与周围人的关系如履薄冰。因为忽略细节，男孩的发展受到了极大的影响。

大部分忽略细节或者不把细节当回事的男孩在做事的时候都缺乏认真的态度，习惯敷衍了事。这样的男孩做事没有责任感，没有激情，很难把事情做好。而考虑到细节、注重细节的男孩，不仅认真对待工作，把事做细，而且注重在做事的细节中找到机会，从而使自己走上成功之路。

老子说："天下难事，必作于易；天下大事，必作于细。"小事永远是大事的根，每棵生命之树的繁荣都可以从它的根上找到答案。重视细节是一种态度，细致严谨的态度是做好事情的前提。细节又是一种准备，一种实力，长期的积淀才能形成一种实力，成为一种习惯。细节还是一种精神，细节追求完美，细节也成就完美。

男孩，关注细节，从现在开始吧！

你不可不知的道理

"千里之堤，溃于蚁穴"，细节决定成败。祸患常常是由一点一滴极小的不良细节积累酿成的，而成功往往始于对完美细节的追求。培养注重细节的好习惯，提高善抓细节的能力，才能把个人潜在的智慧和力量有效地发挥出来，才能少走弯路，少出纰漏，在通往成功的道路上稳操胜券。

延伸阅读

老子是中国古代伟大的思想家和哲学家，道家学派创始人和主要代表人物。老子是世界文化名人，世界百位历史名人之一，著有《道德经》（又称《老子》）。

成功只需每天5分钟

有一天下午，一位老师突然听到琴房里传来一阵悠扬的钢琴声，是理查德·克莱德曼的名曲《秋日私语》。老师感觉很奇怪，因为据她所知，在这个偏僻的小镇上还没有人能弹奏出如此美妙的音乐。好奇心使她快步来到了琴房。

老师推开门一看，发现一个穿着花布裙的女生端坐在那架平时很少有人使用的老钢琴前面，优美的旋律正流淌在她的手指间。老师没有打扰她，她黑色的长睫毛下，那双美丽的大眼睛完全沉浸在音乐的意境中，专注而幸福。

老师从来没想过，校园里还有这样一个有音乐才华的女孩，更令他想不通的是，女孩是什么时候学会弹钢琴的呢？这架钢琴是5年前一个富人捐赠的，因为学校里没有音乐老师，所以钢琴就一直搁置在琴房里，慢慢地，大家也都遗忘了它，甚至都没有人意识到，这架平时落满灰尘、静静站在阴暗角落里的钢琴还可以奏出如此醉人的旋律。

一曲完毕，老师才走过去，微笑着说：“亲爱的同学，你弹得真是太好了。我真是想不到，学校里还有会弹琴的学生，而且弹得这么好。你出生于音乐世家吗？”

“不，老师，我每天利用课间10分钟的时间来试试它，没想到，居然就学会了。不过，我只会这一首曲子。”

“你是说，你学会这首曲子，只是利用每天课间的10分钟吗？”

“是的，老师，我希望我没有弹错，因为，没有人告诉我弹得对不对。我希望有更多的时间来练习，不过，上课铃声响了，我得跑步回教室了。老师再见！"

后来，学校来了音乐老师，她听了女孩所弹的《秋日私语》，发现只有一个音符弹错了，除此以外，这首动听的曲子被她演绎得无懈可击。

男孩，如果我们能像这个女孩一样，能够每天抽出一点点时间来学习自己喜欢的东西，积少成多，也可能会取得意想不到的成绩。不管男孩的梦想起点有多低或有多高，你要做的事就是，利用你手中现在的条件和现有的时间，为你的理想马上行动起来。

爱尔斯金是美国诗人、钢琴家。

14岁时，他跟随钢琴教师卡尔·华尔德学习钢琴。有一天，在上完课后，卡尔·华尔德先生问他："你每天练琴多长时间？"

"有三四个小时吧，大约每次半个小时，我想这样刚刚好。"

"亲爱的，不要这样安排你的时间。"

"为什么，老师，哪里有问题吗？"爱尔斯金歪着头想了几秒钟，他觉得自己的安排并没有什么不妥，也许，老师认为自己还不够努力吗？

"不，不要这样！"卡尔·华尔德说，"你长大以后，就不会有太多的时间供你学习了。假如你没有养成见缝插针的习惯，你会发现你的时间永远不够用。你要从现在起就养成习惯，一有空闲就进行练习，哪怕每次只有几分钟的时间也可以。比如，你等待客人的5分钟，你等待吃饭前的5分钟……你要把练习的时间分散在每一分每一秒，直到练琴成为你日常生活的一部分。"

14岁的爱尔斯金很难按照老师的话去做，要利用这些短暂得几乎一眨眼就会过去的时间可不是一件容易的事。后来，长大后的爱尔斯金在哥伦比亚大学任教时，打算利用业余时间从事写作。可是，上课、看试卷、开会等事情已经忙得不可开交，哪还有空闲时间写作呢。这时候，爱尔斯金想起卡尔·华尔德先生当年对他说过的话。于是，他决定实施一个"5分钟"写作计划。只要有一点儿空闲时间，他就坐下来写作，哪怕只写100个字，也要坚持下来。结果真是出乎意料，到了周末，他居然完成了好几篇文稿。他同时还练习钢琴，发现每天短短的休息时间，足够他从事创作与弹琴这两件事。

爱尔斯金在"5分钟写作"的过程中还发现一个诀窍：如果只有5分钟的写作时间，切不可把4分钟消磨在咬铅笔尾巴上，而要把工作进行得迅速，事前就要有所准备，一到工作时间，就立刻把精力集中在手头的工作上。

原来，成功只需要5分钟。极短的时间，如果能毫不拖延地充分加以利用，就能积少成多地供给男孩更多成功的机会。这并非个例，几乎所有的成功者都是善于利用时间的人。

哈佛大学的沃伦·哈特葛伦博士在年轻时曾是一名挖沙工人，没有受过什么教育，但是，沃伦并不想这样度过一辈子，经过考虑，他决定成为研究南非树蛙方面的专家。从1969年开始，他把大部分时间和精力用在研究上。他每天都收集150个标本，一共做了大约300万字的笔记，终于找到了南非树蛙的生活规律，并且，他还从这些蛙类身上提取了世界上极为罕见的一种能预防皮肤伤病的药物，还获得了哈佛大学的博士学位，并成为美国《时代》周刊的封面人物。

沃伦·哈特葛伦博士曾经问一位年轻人是否了解南非树蛙，年轻人说不知道，博士诚恳地说："如果你想知道，你可以每天花5分钟的时间阅读相关资料，这样，在5年内你就会成为最懂南非树蛙的人。"

年轻人听了博士的话之后，深有感触，开始像博士一样把时间和精力投入到自己的专业上，终于成就了一番大事业。年轻人的名字叫伍迪·艾伦。

当然，男孩要把"5分钟"养成一种习惯，才能真正发挥作用。在5分钟习惯养成初期，男孩需要有意识地不断提醒自己，身上随时带一本书，只要手头没有事做就拿出来读一两页，这样积累下来，最后将是一个惊人的结果。练习得越多，习惯越容易养成。当一个人养成了一个新的习惯后，就会忍不住要全身心地投入，甚至做更多。

你不可不知的道理

英国博物学家赫胥黎说："时间最不偏私，给任何人都是24小时；时间也最偏私，给任何人都不是24小时。"善于利用时间的人，永远找得到充裕的时间；而那些不善于利用时间的人，常常抱怨时间不够用。殊不知，每天有无数个5分钟常常就在走路、吃饭、闲谈、发呆中不知不觉中被浪费掉了。5分钟虽然短暂，但把无数个短暂的5分钟加在一起，就是一笔巨额的时间财富，所以，善于利用零星时间的男孩会做出更大的成绩来。

延伸阅读

伍迪·艾伦，美国电影导演、剧作家、电影演员，1935年生于纽约布鲁克林一个贫穷的犹太家庭。中学毕业后，曾在纽约大学和纽约市立学院读过书，但均被开除。15岁的时候，开始用伍迪·艾伦的名字给一些报纸的专栏投稿，1952年，进入"锡德·西则电视剧团"，以自己的搞笑天才为电视节目编写剧本。1961年，艾伦辞去撰稿职务，成为一个喜剧演员，在格林威治村的小酒馆、夜总会和小剧场里演出，一时声名鹊起。1964年，年近30岁的艾伦为电视台编写并主演了《猫咪最近怎么样了》剧集，大获成功。1969年，由他编剧、主演的舞台剧《再弹一遍，萨姆》在百老汇连演不衰，轰动一时，奠定了艾伦正式走向电影界的商业基础。

别敷衍，做到自己满意为止

美国著名出版家阿尔伯特·哈伯德有一句名言："如果你能够真正地做好一枚曲别针，要比制造一架粗陋的蒸汽机更有价值。"这句话告诉男孩，要尽善尽美地做好一件小事。

美国前国务卿基辛格博士是一个追求完美的人。有一次，他的助理呈递一份计划给他，基辛格和善地问道："年轻人，告诉我，这是不是你所能做的最佳计划？"

"我想，如果再做些改进的话会更好。"助手回答。

基辛格点点头，微笑着把计划还给助手。

过了一段时间，助理把改进后的计划书交给基辛格。"你能肯定，这是你所能做的最好的计划书吗？还可以把它做得更好一些吗？"

助手有些不自信地说："也许，还有些小细节需要改进，我再想想。"他拿回了自己的计划书。

这一次，助手夜以继日地将全部精力都扑在改进计划书的工作上。三个星期后，他挺直腰板，春风满面地来到基辛格博士的办公室。

"这确实是你能做到的最最完美的计划了吗？"

他激动地说："是的，国务卿先生！"

"很好。"基辛格说，"这样的话，我有必要好好地读一读了！"

助手为什么第三次才敢自信地回答"是的"呢？因为他这次尽了全力。男孩，完成一件事情之后，你有没有问过自己，我尽力了吗？我还可以做得更好吗？多问问自己类似的问题，在潜意识中慢慢形成"我要做得更好"的习惯，这样，当我们在做事情时，就会下意识地关注细节了。

达·芬奇年轻时迫于生计去给圣玛丽修道院画一张壁画。当然，修道院请他去作画，并不是因为达·芬奇很有名，而是因为这不过是一个普通的装饰画，他们只想找一个会画画的廉价的三流画家来完成这个工作。没有人认为，修道院的饭厅上也需要画一幅举世无双的珍品。不过，达·芬奇不这样认为，他从来没有敷衍了事地画过一幅画，哪怕是习作。

达·芬奇日夜站在脚手架上作画，每一笔都要求做到精益求精。

一个月后，壁画完成了。这幅壁画彻底改变了达·芬奇的命运。当初为达·芬奇介绍这份工作的朋友认为，这是不可多得的杰作，之后，达·芬奇一举成名。名不见经传的圣玛丽修道院也因此而远近闻名，人们纷纷慕名而来。这幅壁画就是《最后的晚餐》。

如果达·芬奇认为这不过是一个名不见经传的小修道院饭厅里的一幅装饰画，草草几笔了事，反正画好了人家又不会因此而多给一分钱工钱，那么，世界上也就不会有《最后的晚餐》这样伟大的作品诞生了。灵感不是我们想让它来它就来的，它蕴藏在日常生活的每一分每一秒的行为和思考中，所以，成就也只属于那些每一分每一秒都关注它、用心做事的人。就像一个打破世界纪录的运动员，如果他平时对自己的训练一直采取敷衍的态度，到了比赛的那一天才发力追赶，他会赢吗？

男孩要向达·芬奇学习，养成做任何事情都精益求精的好习惯。你们还在求知阶段，每天都有大量的时间花在练习上面。体育老师让你练球，语文老师让你写作文，美术老师让你画一幅画，妈妈让你学会洗袜子……而你，常常会想，这不过是最平常的练习，不用那么用心。于是，你的作业经常写得很潦草，那些你认为不重要的科目，也常常学得漫不经心。

1876年，为了纪念美利坚合众国成立100周年，法国政府送给美国一座象征着美国人民自由精神的自由女神像。这座雕像雕刻历时10年，高约46米，女神外貌的原型是雕塑家的母亲，高举火炬的右手则以雕塑家妻子的手臂为蓝本。时至今日，这座雕像依然是美国最具代表性的标志性建筑。世界各地的人们不远万里，从四面八方涌来，就为一睹自由女神的风采。

100多年以后，一位画家和朋友一起乘坐一架小私人飞机飞到了距离地面约300英尺的高空，这时，他们清楚地看到了自由女神像头部的所有细节：一缕缕飘逸而韧性十足的头发，额头、鼻翼两侧还有耳廓边的每一个线条……这些细节都被雕塑家刻画得栩栩如生。

这座自由女神像的雕塑者名叫弗雷德里克·奥古斯塔·巴托尔迪。他的名字将和自由女神像一样流传千古，他向人们传递的自由精神将会被千万代的人所铭记。

　　为什么巴托尔迪连女神塑像的头发都要雕刻得一丝不苟，栩栩如生？要知道，在没有飞机之前，绝不会有人爬到女神的头顶上去数她有多少根头发，也不会有人能够看到女神头顶上的头发，更不会有人在意女神像的头发。虽然没有人看到女神的头发，但是，对巴托尔迪而言，每一尊雕塑都是他留在这世间的独一无二的作品，他不允许自己的作品有丝毫瑕疵。他不仅要对观众负责，更要对自己的工作负责。另外，如果没有这些纤毫毕现的创作精神，就不会有伟大如巴托尔迪这样的雕塑家出现，也不会有自由女神像这样宝贵的艺术财富流传于世。

　　俗话说，慢工出细活，男孩要做好一件事情，就应该认真细致地做好每一个细节，追求每一个细节的完美，这样才能将事情做到尽善尽美。

　　男孩，妈妈让你擦桌子，你感觉擦6次和擦5次、4次是看不出区别来的，就算能看得出区别，脏一点儿和干净一点儿对我们的工作和生活也没有太大的影响。男孩到饭店吃饭时可以观察一下，有的饭店的餐桌永远铺着洁白干净的桌布，有的饭店桌子上却覆盖着一层不易觉察的污垢，如果你用白色的餐巾纸仔细擦拭一下，就会发现纸上沾了很明显的黄色的油污。这是因为，服务员每天只是将桌子擦得八九分干净，留下一二分油垢，用不了多久，这些餐桌的表面就覆盖一层油垢，而且，油垢会越积越厚，店里的环境也会越来越糟。

　　男孩想想，自己在生活中是不是也经常有做事马马虎虎的毛病，是不是经常有"差不多""好像""大概""也许""还行"这类的口头禅？胡适认为，中国最有名的人是一个叫"差不多"的先生。因为差不多先生的名字每天都挂在大家的口头。差不多先生就在我们身边，可能是任何一个人。这些差不多堆起来，就造就了一个人平庸的一生。男孩要记住，任何时候都不要敷衍自己，只有一丝不苟地向着最完美的方向努力，才能够将事情做到尽善尽美。

你不可不知的道理

成功就怕"认真"二字，男孩在做事时要做到专心致志，一次做好一件事，精益求精，注重细节，不在小处出差错，力求尽善尽美。当男孩将这种习惯运用到学习上时，便会一丝不苟，学到的知识自然也扎实。

延伸阅读

自由女神像，全名为"自由女神铜像国家纪念碑"，是法国在1876年赠送给美国纪念美国独立100周年的礼物。自由女神像坐落于美国纽约州纽约市附近的自由岛，是美国重要的观光景点及地标。1884年5月21日竣工，1886年10月28日正式落成并揭幕。1984年，被列入世界遗产名录。

男孩，像选择战友一样
选择朋友

"物以类聚，人以群分。"有人说，看一个人的能力高低，就看他身边的朋友的能力，看一个人的品格好坏，就看他周围朋友的品格。

"近朱者赤，近墨者黑"。平时与谁交往得多，受到谁的影响就大。所以，选择什么样的朋友很重要。男孩本身辨别是非的能力还有待提高，思想还不成熟，很容易受到身边人、身边环境的影响。假如你有一个努力进取的朋友，那么你也将成为一个积极进取的人。所以男孩应当像选择战友一样选择自己的朋友，从而在朋友的陪伴和激励中不断提升自己，获得进步。

要结交能使自己进步的人

马克思和恩格斯这两位革命导师之间的友谊，可以说是这个世界上最伟大的友谊之一。马克思敬佩恩格斯的才能，说自己只是踏着恩格斯的脚印在走；而恩格斯总是认为马克思是无人能及的，在他们的共同事业中，马克思是第一小提琴手，而他自己只是第二小提琴手。他们都认为对方给予自己的更多，其实他们是在相互帮助，相互影响，共同取得更大的成就。《资本论》这部经典著作的写作及出版，就是他们伟大友谊的见证。

1844年，马克思在巴黎认识了恩格斯，共同的信仰让他们成为朋友。马克思长期流亡，生活十分艰苦，常常靠典当度日，有时连买邮票的钱都没有，但是他仍然坚持自己的革命活动和研究工作。恩格斯了解到马克思的情况后，经常写信寄钱给马克思，鼓励他坚持自己的事业。

1848年大革命失败后，恩格斯不得不回到曼彻斯特营业所，从事自己讨厌的商务活动。这让恩格斯十分恼火，他把商务活动称为"该死的生意经"，他期望自己永久地摆脱这些事业，能够去做他喜欢的政治活动和科学研究。但是，他一想到流亡在外的马克思，就马上镇静下来。在英国流亡的马克思每天不得不以面包和土豆充饥，日子过得十分艰难，自己应该尽可能帮助马克思，于是恩格斯就咬紧牙关，坚持经商，努力赚钱帮助马克思。

就这样，每个星期总会有一张张1英镑、2英镑、5英镑或10英镑的汇票从曼彻斯特寄往伦敦。后来，恩格斯的事业越做越大，到1864年，恩格斯开始对马克思大力援助。可以说，正是在恩格斯的帮助下，《资本论》才得以顺利出版。

恩格斯不仅在物质生活上帮助马克思，还在学问研究上帮助马克思。虽然他们将近20年的时间都是分开的，但是他们的思想从来没有分开过。

他们每天要通信，谈论政治和科学问题。在那一段时间，马克思把阅读恩格斯的来信看作是最愉快的事情。他常常拿着信自言自语，好像正在和恩格斯交谈似的。

一有机会，恩格斯就会跑到伦敦，和马克思讨论问题。他们在屋子里，各自沿着一条对角线走来走去，一连谈上几个钟头。有时两人一前一后，半晌不吭一声地踱步，直到取得一致的意见，两人随即放声大笑起来。

当《资本论》第一卷所有印张的校对工作都结束时，马克思兴奋极了，写信对恩格斯说："这一卷能够完成，都得力于你！没有你为我做出的牺牲，这样三大卷的大部头著作，我是不能完成的，我拥抱你，感激之至！"

《资本论》的出版在整个国际工人运动中具有里程碑式的意义，也是两位伟人友谊的结晶。作为朋友，恩格斯给予了马克思最大的帮助与支持。马克思能够结交到恩格斯这样的朋友，也是他一生的财富和幸运。

有人说，人生有三大幸运：上学时遇到好老师，工作时遇到一位好师傅，成家时遇到一个好伴侣。有时他们一个灿烂的笑容，一句温馨的问候，就能使你的人生与众不同。而男孩一生中最不幸的事情大概就是身边缺乏积极进取的人，缺乏有远见的人，这样的人影响着你的人生，使你的人生变得平庸，乏善可陈。

如果我们的周围是一群老鹰，那么我们自己就可能成为一群展翅翱翔的雄鹰；如果我们的周围是一群山雀，那么有可能我们永远也看不到天空的广阔。假如男孩择友不当，就会导致自己走上歪门邪道，甚至掉进违法犯罪的深渊，那你就成了一只永远飞不起来的山雀，你的人生便会毁于交友不慎；假如你真正的挚友很多，可以帮助你走上光明大道，你就会成为一只雄鹰。

人具有社会性，人与人之间的交往构成了纷繁复杂的社会关系。社会关系由人构成，也制约着人的发展，身边人的表现和行动都影响着你的表现。古人说近朱者赤，近墨者黑，这句话的意思是经常与优秀的人在一起，自己也会向好的方向发展，反之亦然。的确，生活中这样的例子屡见不鲜，男孩更容易在不经意间受到环境的影响，这些环境让男孩发生种种变化，可能因此而形成良好的品质，也可能因此而沾染一些恶习。

科学研究发现，人是唯一能接受暗示的动物。积极的暗示，会对人的情绪和生理状态产生良好的影响，激发人的内在潜能，使人发挥超常水平，使人进取，催人奋进。因此，在现实生活中，你和谁交朋友是非常重要的，它甚至能够改变你的成长轨迹，决定你的人生成败。一个优秀的人，应该结交那些能够使自己获得进步的人。

有人说，看一个人的能力高低，就看他身边的朋友的能力；看一个人的品格，就看他周围朋友的品格。物以类聚，人以群分，也就是这个道理。当年，孟母三迁，择邻而居，选择一个好的成长环境对孩子的成才影响很大。成长环境当然包括孩子平时接触的人，孩子与谁交往得多，受到谁的影响就大。男孩本身辨别是非的能力还有待提高，思想还不成熟，很容易就受到身边人及身边环境的影响。有良友相伴，男孩才能真正全面地提高自己。

张衡是我国历史上非常著名的科学家，在很多方面都做出了非常大的贡献。张衡从小勤奋好学，在青年时期更是结交了很多好友知己。这些人在当时都是很有才能的人。张衡的朋友中有一个叫崔瑗的人，对张衡的影响最大。崔瑗很早就学习过数学、天文、地理等各方面的知识，张衡进一步研究天文、物理等方面的科学受到崔瑗不少影响。崔瑗经常同他切磋，交换心得，张衡从中学习了不少知识。在两人的交往中，张衡不断提高自己，最终成为一个在天文、数学、地理等方面都有所建树的人。可以说，张衡之所以能取得如此多的成就，与他的朋友是分不开的。

假如你有高远的志向，那么你就应该和鸿鹄一起飞翔，而不是与燕雀为伍；如果你想像雄狮一样驰骋草原，那么你就应该与狮子一起奔跑，而不是与鹿羊同行。恩格斯之于马克思，崔瑗之于张衡，就是鸿鹄，就是雄狮，他们一起翱翔，一起驰骋，最终成为天空的主人，成为草原的主人。男孩，你也应该去寻找鸿鹄，寻找雄狮，这样才能促使自己进步。

"画眉麻雀不同嗓，金鸡乌鸦不同窝。"结交那些能够促使你进步的人，在潜移默化和耳濡目染的作用下，你才会进步。和优秀的人在一起，你才会出类拔萃。

你不可不知的道理

近朱者赤，近墨者黑。平时与谁交往得多，受到谁的影响就大。所以说，选择什么样的朋友很重要。男孩本身辨别是非的能力还有待提高，思想还不成熟，很容易就受到身边人、身边环境的影响。假如你有一个努力进取的朋友，那么你也将成为一个积极进取的人。所以男孩应当像选择战友一样选择自己的朋友，从而在朋友的陪伴和激励中不断提升自己，获得进步。

延伸阅读

　　张衡，东汉时期著名的天文学家，为我国天文学、机械技术、地震学的发展做出了不可磨灭的贡献。历史学家郭沫若对张衡的评价是："如此全面发展之人物，在世界史中亦所罕见，万祀千龄，令人景仰。"由于他的贡献突出，联合国天文组织曾将太阳系中的1802号小行星命名为"张衡星"。后世称张衡为木圣。张衡的主要成就之一是制作测量地震的地动仪。

对手：让你在竞争中成长的"朋友"

　　有一位动物学家曾经对生活在非洲大草原奥兰治河流两岸的羚羊群进行过研究，他发现两群羚羊尽管属类和饲料来源一样，但是繁殖能力却是不同的。东岸的羚羊群的繁殖能力要远远强于西岸羚羊群，并且在后来的研究中，他也发现东岸的羚羊的奔跑速度要比西岸的羚羊每分钟快13米。

　　为了进一步研究，动物学家在东西岸分别捉了10只羚羊，然后把他们分别送到对面，结果一段时间后，送到西岸的羚羊繁殖到了14只，而送到东岸的羚羊只剩下3只，另外7只被狼吃掉了。

后来经过一番研究，动物学家最终发现造成这种差异的原因：原来东岸生活着一群狼，狼经常袭击东岸的羚羊，羚羊在一次又一次的袭击中不断奔跑，激发出自身的潜能，因此在各方面表现得都十分优异。而狼群只是偶尔去西岸寻找猎物，西岸的羚羊缺少天敌，没有生存压力，生活在一个相对安全环境中的它们自然不用去提高自己的速度。因此，当面临危险的时候，它们反应迟钝，几乎没有危机防范意识，最终走向灭绝。

众所周知，沙丁鱼的味道鲜美，但是它非常娇贵，离开大海后很快就会死去。沙丁鱼还没有到达港口就全死了，这样鱼的味道当然会受到很大影响，渔民的收入也大大减少，他们想了很多办法想保持沙丁鱼的新鲜，比如把捕获的沙丁鱼放到更为宽敞的水槽中，或者尽快返回到港口，但是结果都不是很理想。直到有一次，一个渔民捕获的沙丁鱼全部活着到达了港口，这个渔民发现这批沙丁鱼中有几条沙丁鱼的天敌——鲶鱼。鲶鱼是食肉鱼，主要食物就是沙丁鱼。在水槽中，鲶鱼四处捕食沙丁鱼，沙丁鱼为了活命，不得不加速游动，从而保持了旺盛的生命力，这就是"鲶鱼效应"。没有天敌的动物往往最先灭绝，有天敌的动物则会逐步繁衍壮大。大自然这种优胜劣汰、物竞天择的状态在人类社会也同样存在。

康熙皇帝执政61年，一生建立无数丰功伟绩，在中国历史甚至世界历史上都有非常大的影响力。

他在执政60年的时候设宴祝贺，在宴会上，康熙连敬三杯酒。第一杯酒敬给祖母孝庄太后，感谢孝庄太后辅佐他登上皇位，并教导他做人，最终一统江山；第二杯酒敬众大臣及天下万民，感谢众臣齐心协力尽忠朝廷，百姓安居乐业，天下昌盛太平。但是，康熙第三杯酒要敬的人却出乎所有人的意料。当时康熙目光凝重地对众人说："这第三杯酒敬我的敌人——鳌拜、吴三桂、郑经、噶尔丹，还有明朝的反抗势力。因为，是鳌拜等人让我很小的时候就感受到了危机，学会了如何谋划，是明朝的残余势力和吴三桂让我时刻不忘富国强兵，是他们教会了我怎么治国行兵，是他们逼着我建立丰功伟绩。没有他们，就没有今天的我，就没有大清今天的昌盛。我感谢他们！"

康熙的这段话不仅体现了一个帝王的广阔胸襟，更是一个明智君主的睿智和哲思。一个强者、一个强大的团队、一个强大的民族或国家，都该有这样的感悟与对敌人的"感谢"。

竞争对手是会让自己发挥出巨大潜能的人。有竞争对手的人是幸运的，没有必要去憎恨自己的对手。因为真正激励你前进的、真正促使你成功的、最终使你战胜自己的那些人，常常是你的对手，甚至是那些可能置你于死地的打击与挫折。

成长路上最好的伙伴就是对手。男孩在成长路上如果没有对手，那可能就无法真正地成熟。

· 你不可不知的道理 ·

生于忧患，死于安乐。一个人如果没有竞争对手，即使很卓越，也会因为自满而停止努力，慢慢变得平庸。追求成功和优秀的人，应该用客观的视角看待身边的竞争者，重视对手，以对手为师，甚至感谢对手。

延伸阅读

　　爱新觉罗·玄烨，是清朝第四位皇帝，年号康熙，在位61年，是中国历史上在位时间最长的皇帝。康熙执政期间，消除吴三桂等三藩势力，统一台湾，平定准噶尔汗噶尔丹叛乱，并抵抗了当时沙俄对我国东北地区的侵略，签订了中俄《尼布楚条约》，维持了东北边境长时间的边界和平。

你要知道帮别人就是在帮自己

　　相信大家早就听过那个关于天堂和地狱的故事。

　　一个人死后，上帝为让其明白天堂和地狱的区别，带他到两地进行参观。他先被带到地狱，看到地狱里的人虽然和现实生活中的人长得一模一样，但是一个个面黄肌瘦、骨瘦如柴，难道地狱里不提供食物吗？这个人怀着疑惑的心情来到他们的餐厅想看个究竟，他发现地狱的人围在一口大锅前，每个人手里拿着一米长的筷子，比现实中的筷子长了很多很多，桌子中间的锅里是满满的美味佳肴，可是这些人就是眼巴巴地不能把食物送到自己的嘴里。然后他又被带到天堂参观，天堂的餐厅和地狱的一模一样，唯一不同的是，这里的每个人都红光满面，原来这里的人都在用自己的筷子为对方夹食物，这样一来大家都有吃的。此人恍然大悟，原来这就是地狱和天堂的区别，他顿时悟出一个道理：帮助别人就是帮助自己。

心理学家马斯洛认为人都是有爱与被爱的需要的。而令人无奈的是，我们往往更关注被爱和受尊重的感受，却往往忽视了被爱与被尊重的前提是主动地关照、帮助别人。

男孩，如果你觉得心理学上的理论比较虚幻，那么我们就来看看古人从实践中总结出的经验。古人云"将欲取之，必先予之"，就是说，你要想摘取树上的果实，就必须先给它浇水、施肥；你想要每门功课都取得优异的成绩，就必须先付出辛勤的汗水和心血；你想要在有困难的时候得到亲朋好友的支持和帮助，就要在此之前力所能及地去帮助别人。林肯之所以成为美国历史上最受人尊重的总统之一，原因就在于他在任何可能的情况下都会去帮助别人，这使他在任何场合都能成为受欢迎的人。

有一天，辛格和他的同伴一起穿越喜马拉雅山的某个山口。途中，他们看到一个躺在雪地上已经被冻得快要失去知觉的人。辛格想停下来帮助他，但他的同伴说："辛格，别傻了，如果我们带上这个累赘，恐怕就会把我们自己的命送掉。"辛格不忍心就这样让这个人冻死在冰天雪地里，最终没有和同伴达成共识，他的同伴离他而去。辛格把这个人抱起来，背在身上，他使出全身的力气艰难地向前走着。渐渐地，辛格的体温使这个已经被冻僵的身躯慢慢有了温度，这个人活过来了。不久，这个人可以下地走路和辛格并肩前行了，他们相互帮助着前行。而不幸的是，当辛格终于赶上同伴的时候，他却发现同伴已经冻死在冰天雪地里。看完这个故事，有点儿替辛格的同伴感到遗憾，看来助人者自助，在什么情况下都是真理。下面的这个人，正因为懂得这个道理，所以绝处逢生了。

　　从前有个人，在穿越沙漠的时候迷失了方向，饥渴难耐，恍惚中几乎可以看到死神在向他招手。他拖着沉重的脚步，一点点向前走，此时的他已经完全没有辨识方向的能力了，只是觉得只要这么坚持走下去，一定可以找到活下去的机会。终于，在风沙漫天里，他模模糊糊地看到一间废弃的小屋。他推门进去，向屋内扫了一眼，发现这间小屋已经好久没有人居住了，而且小屋在这荒漠地带风吹日晒，早已摇摇欲坠。但是他想这里一定有让他活下去的东西。他仔细寻找每个角落，结果发现了一个抽水机，于是他使出全身仅有的力气抽水，可是没有抽上来一滴水。他又气又恼，烦躁不堪，忽然他发现旁边有一把水壶，壶口被木塞塞住，壶上留有一张纸条，上面写着："你要先把这壶水灌到抽水机中，然后才能打水。但是在你走之前，请一定把水壶装满。"他小心翼翼地打开水壶塞，果然是一壶水。

　　该怎么办呢？是直接把水壶里的水喝掉，还是按照纸条上写的那样去做？万一倒进去抽不出水怎么办呢？那岂不是浪费了一壶水，自己的命也就没办法保住了？两种想法不停地在他脑海里纠结。或许是"帮别人就是帮自己"的强烈责任感提醒了他，他决定按照纸条上说的那样去做，果然抽水机涌出了甘甜的泉水。他饱饱地喝了个够，临走之前又灌了满满一壶水才安然离开。

　　男孩，试想，如果之前的人没有按照纸条上说的去做，只考虑满足自己的需要，那么这个人的生命或许就终结于此。如果大家都遵守纸条上的规则，那么大家都有水喝。我们由衷地赞叹这样的互助方式，以及让"帮助别人就是帮助自己"的观念巧妙传承下去的智慧。

　　男孩，或许从你出生到现在，你生活在父母的细心关爱中，你的成绩都很优异，你的朋友因为有你而变得快乐，你自己也因此每天都春风满面！这样的你，父母会为你骄傲，朋友会为你自豪。但是，生活中并不是每个人都和你一样，或许他们贫穷，或许他们缺少关爱，或许他们会遇到各种各样的困难，如果遇到了，男孩，请伸出你的手帮一把，你得到的将不只是一个笑容。

你不可不知的道理

俗话说"予人玫瑰，手留余香"。给予，永远是一件令人快乐的事情。在生活中，我们得到一件奖品时是快乐的，得到表扬时是快乐的，得到一件礼物时是快乐的，得到别人帮助时也是快乐的……别人摔倒的时候，我们伸出手拉他一把，对方就会投以感谢的目光；当别人有困难的时候，人人伸出援助之手，就没有解决不了的困难……所以，给予才是真正的快乐！

延伸阅读

马斯洛需求层次理论，亦称"基本需求层次理论"，是行为科学的理论之一，由美国心理学家亚伯拉罕·马斯洛于1943年在《人类激励理论》论文中提出。他把人的需求分成生理需求、安全需求、社交需求、尊重需求和自我实现需求五类，由较低层次到较高层次依次排列。

为他人鼓掌 ≠ 给自己喝倒彩

男孩，当你的玩伴赢得了游戏，当你的同学取得了好成绩，当你的朋友赢得了桂冠时，你为他们鼓掌了吗？或许有，或许没有。鼓掌其实是一种胸怀，是一种气度。只有胸襟开阔的人才能容纳百川，朋满四海。

我们每个人都知道牛顿，可是又有多少人知道巴罗呢？其实巴罗正是牛顿的老师，可以说没有巴罗就没有牛顿。巴罗也是年轻有为的，33岁即成为英国剑桥大学的数学教授，但当他看到自己的学生牛顿进步很快，即将超越自己时，决定让贤。在任职6年后，他把牛顿推向了数学教授的位子上。

虽然巴罗的名气不如牛顿大，但是他的这种胸襟却赢得了人们的敬仰。

男孩，再来看看2004年小布什和克里之间的"攻击"之战吧！

2004年底，小布什和克里之间的角逐给很多人留下了深刻的印象。在竞选过程中，他们俩你来我往地相互争斗、相互指责、相互辩论，于是，形势顿时变得硝烟弥漫、异常紧张。可当选举结果出来后，据媒体报道，克里当晚就打电话给竞选胜利的小布什，诚恳地承认自己在决胜州俄亥俄州选举中的失败，并祝贺小布什连任成功。克里说："不愿看到因选票争端而使国家陷于分裂，希望从今天开始愈合由于选战而裂开的伤口。"小布什在随后发表的简短演讲中称赞克里是一个令人钦佩的对手，也对克里在竞选中的出色表现给予肯定。在小布什的就职演讲中，克里曾多次为小布什送上掌声，这不仅让支持克里的人说"我们没有看错人"，而且也让小布什的支持者们认为克里的表现无可挑剔。克里虽然输了大选，却赢得了更多人的尊敬，虽败犹荣。很显然，克里最后给大家留下了一个智者的形象。

在现实生活中，我们很多人似乎不太懂得适时地为别人鼓掌。

而那些懂得为别人鼓掌的人大多会获得更多的机遇和青睐。某知名企业在中央电视台举办电视招聘，有3位求职者为海外经理一职展开了激烈的角逐，因为职位只有一个，现场气氛相当紧张，有剑拔弩张之势。从专业背景和各方面能力来看，3位竞争者不相上下。但是，其中一位求职者的表现引起了主考官的注意，那就是每当别的竞争者说到精彩之处时，他都会很自然地为之鼓掌，引得台下的观众和评委也跟着鼓起掌来。那一刻主考官就断定此职位非该年轻人莫属。最终也确实如此，评委和企业的人一致决定将聘书给了这位年轻人。

男孩，为别人鼓掌，并不是降低了自己的身价去刻意抬高别人、贬低自己，更不是蓄意地吹牛拍马、阿谀奉承，而是恰到好处、自然而然地对别人予以肯定。想要做到这一点，就必须拥有良好的心态，否则很难正确看待别人取得的成绩。

只要我们用心去发现，周围的每个人都有值得我们学习的地方，那么，我们就不应该吝惜自己的掌声，而是应该适时地把掌声送给他们。

· 你不可不知的道理 ·

"掌声响起来，我心更明白，你的爱将与我同在……"适时送出你的掌声，这是何等的胸襟和气魄。生活中，人人需要掌声，人人需要喝彩，或许每个人要的都不多，或许只是人生路口关键的一次肯定与支持，就能帮助彼此走出旅途的阴霾，迈向前方的康庄大道。给别人掌声，我们并没有失去什么，反而会收获一抹温暖感激的目光，或者是一声满怀真诚的道谢，或者一个意味深长的凝视，这个凝视却在你的脑海里久久荡漾。别吝惜掌声，来，为他人喝彩！

延伸阅读

乔治·沃克·布什，也就是我们通常所说的小布什，1946年出生于美国康涅狄格州。2001年—2009年担任美国第43任（第54、55届）总统，任内遭遇了2001年的"9·11"事件，随后于2001年-2003年先后发动阿富汗战争、伊拉克战争等一系列反恐战争，并取得较大成效。在任期间，在国内推行减税计划，进行医疗保险和社会福利体制的改革，并取得了一定成效。美国在线2005年举办的票选活动"最伟大的美国人"中，布什名列第6位。

双赢——要抱着人人都能成功的态度

有一天，两个酒贩子背着酒篓走在去集市卖酒的路上，走着走着两人竟然打起赌来，约定每次赢的人就喝对方一勺酒。一路上，他们不断地赌来赌去，也不停地喝着彼此酒篓里的酒，结果到达集市时，各自的酒快被喝光了。但是，两个人却感到很高兴，因为他们都觉得喝光了对方的酒。

事实上他们都赢了对方吗？表面上看是，但是实际上他们都是输家，因为一方赢的同时，另一方必然会输。其实，最终的结果是他们都输光了自己的酒。这在博弈论中被称为"零和博弈"，也叫"零和游戏"，也就是说双方的这种输赢，最终并没有创造出新的价值。

人们发现在社会的方方面面都存在"零和游戏"的情况，胜利者的荣耀后面往往隐藏着失败者的辛酸和苦涩。在人类经历了两次世界大战后，经济高速发展、科技飞速进步的同时，日益严重的环境污染等问题也在困扰着人们的生活，从而"零和游戏"的观念正逐渐被"双赢"观念所取代。人们开始认识到"利己"不一定非得建立在"损人"的基础之上，如果可以找出有效的合作方式，同样可以出现皆大欢喜的局面。从"零和游戏"走向"双赢"，这要求各方要有真诚合作的精神和勇气，在合作过程中不要小聪明，不投机取巧总想着占别人的小便宜，在游戏规则里完成应有的使命，才能最终使得彼此都能获得各自想要的成功。

马云在《人人都能成功》里讲道：只要我们的客户赚钱，我们就一定能赚钱。这就是企业与客户之间的双赢。马云在谈企业可持续发展时说："一个企业最重要的是人。许多企业领导把专家看得很重要，把中层看得很重要，但是他们忘了把士气留给普通的员工。普通员工最重要的是：我要买车，我要买房，我要结婚生子。你给广大员工增加一些收入，那么士气就会大增。所谓士气，是大部分员工的工作热情。让自己的员工得到满足，提高他们的士气，然后提升企业文化，你的企业就有希望了。"马云讲的这段话其实就是双赢，让彼此满足各自的需求。

这就告诉我们，男孩，如果你能以双赢的态度面对周遭的一切，那么你迎来的一定是康庄大道。但是，双赢的品质并不是每个人都能够轻易获得的。什么是双赢品质？通常认为双赢品质来自三种品德：正直、成熟和认为有足够的成功给每一个人。

正直的人往往有正确的价值观，只有正直的人才懂得什么是生活中真正的赢，人们才会把信任交给他，让他去开创双赢的局面。

成熟的人往往懂得在勇气和体谅别人间保持平衡，即在敢于表达自己的感觉、想法和信念的同时，又能体谅别人的感觉、想法和信念。换句话说，这其实是一种双向思维模式，在遇到问题的时候懂得换位思考而不是一意孤行、刚愎自用。

有的人认为每个人都有机会成功，即人人都可以获得成功。而有些人认为别人的成功剥夺了自己取得成功的机会，或者是别人的成功都是从自己的"碗"里抢食吃，事实上，这是非常错误的想法。你所认为的成功资源并不是真正地属于你，它只是在那里等待有心人的挖掘。别人先你取得成功一定有缘由，如比你更有勇气、更有眼光、更勤奋或更乐于与人合作，等等。正像失败有原因一样，成功也有原因。所以，若你还在纠结为什么某某得到了表扬，或某某获得奖项而你却没有的时候，千万别自怨自艾、牢骚满怀或愤愤不平，其实别人的成功不代表你的人生是失败的，你不是失败，只是在漫长的人生道路上暂时还没有成功。

男孩，学会选择成功的机会，学会包容别人的成功，学会以双赢的态度面对遇到的每次挑战，学会对每个人说人人都能成功。事后你就会发现，用这样的人生态度去面对生活，你并没有失去什么，却会在无形中获得更多你意想不到的收获。

你不可不知的道理

男孩，或许你们在踏入社会之前，对双赢的游戏规则仅停留在概念层面。没有亲身经历的事情，往往不会有真切的感受或者感悟。但是可以肯定的是，你们完全可以从别人的经历中看到这一规则的魅力，"他山之石，可以攻玉"，假人之手或许可以为自己今后的人生道路指明前行的方向。

延伸阅读

"双赢"来自于英文"win-win"的中文翻译。该模式是中国传统文化中"和合"思想与西方市场竞争理念相结合的产物，旨在说明企业之间的团结合作，在竞争中共同创造价值，才能在现代经济条件下共同取得前所未有的盈利能力与市场竞争力。

欣赏是一种非凡气度："我不同意你，但我尊重你的选择"

如果没有屠格涅夫的一句欣赏之语，或许今天我们就不知道列夫·托尔斯泰是何许人也！

　　1852年的秋天，屠格涅夫外出打猎的时候无意间捡到一本破破烂烂、皱巴巴的《现代人》杂志。他就顺手翻了几页，没想到自己竟然被一篇题为《童年》的小说吸引住了，屠格涅夫很奇怪，以他现在的人脉和见闻，却没听说过这个作者，但是小说的确写得引人入胜，非常不错。

　　随后，屠格涅夫就一直挂念着这件事情，他四处打听有关作者的情况，最终得知作者是一个被姑母一手抚养长大的青年人。屠格涅夫几番辗转周折终于找到了作者的姑母，表达了他对作者才能的欣赏与肯定。姑母也很高兴，就立即写信告诉自己的侄儿："你的第一篇小说在瓦列里扬引起了很大的轰动，大名鼎鼎、写《猎人笔记》的作家屠格涅夫先生逢人就称赞你。他说：'这位年轻人如果能继续写下去，他的前途一定不可限量！'"

　　作者收到姑母的来信后欣喜若狂，信心陡然间倍增。他没想到只是因生活苦闷无聊的无心涂鸦之作，竟然得到大作家屠格涅夫的欣赏，这一下子点燃了他心中继续写下去的火焰，于是他一发不可收拾，最终成为蜚声世界的艺术家和思想家。他，就是列夫·尼古拉耶维奇·托尔斯泰。

　　有时候，一句由衷的欣赏或许就能改变一个人的人生轨迹。

　　台湾作家林清玄早年是个记者，曾对一个犯案上千的小偷的作案手法做过非常细腻的报道，在文章结尾处他不禁感叹道："像心思如此细密、手法如此灵巧、风格如此独特的小偷，不论做任何一行都会有所成就的吧！"林清玄并不曾想到当时的无心赞赏之语，竟然改变了这个青年人日后的人生轨迹。后来，当年的小偷已经成为台湾几家羊肉炉连锁店的大老板。在一次邂逅中，这位老板诚挚地对林清玄说："林先生写的那篇书稿打破了我原有生活中的盲点，让我反思，为什么除了做小偷，我就没有想到做正当的事呢？"

男孩，记住，当你发出由衷的欣赏时，就是你在真诚地给予，你带着一缕春天般的馨香，带着豁达的信赖在肯定一个人。

男孩，欣赏与你持一样观点的人，是志同道合；而欣赏一个与你意见相左的人，则是一种豁达和宽容。记得法兰西"思想之父"伏尔泰说过："我不同意你说的话，但我誓死捍卫你说话的权利。"男孩，在别人持不同观点和看法的时候，你会不会也有这样的气度，对朋友和同学说"嗨，伙计，我持保留态度支持你"，还是说"你这样做是不对的，不听劝就等着碰壁吧"？男孩，你说这句话的时候，有没有想过或许自己的想法也不正确或者不合适呢？你怎么就知道对方的想法行不通呢？所以，不同意对方的观点，但是也要支持对方的决定。

从这个角度来说，李开复先生遇到了一位好的导师。李开复先生非常感谢导师说的一句话："我不同意你，但是我支持你。"他在读博士的时候，老师给了他一个题目，让他用专家系统来完成并达到该领域世界第一的论文。一年后，他觉得老师给的方法可能做不出来，或者说做出来也不可能达到要求。于是，他就自我摸索是不是有别的途径能把该题目进行下去。有一天，他壮着胆子走进博导的办公室，对老师说："我不希望再用您的专家系统方法做下去了，我认为那是一条死路。"老师就问他想怎么做，他说自己想用统计的方法来做。博导思考了一会儿说："我不同意你，但是我支持你。"老师不仅仅是在话语上支持，也用实际行动给他支持，老师用个人经费为他买机器、买数据……最终他的论文做出来了，也成功了。用李开复先生自己的话说，正是这句话奠定了他今天成功的基础。

李开复在后来回顾这段经历时说："其实我从老师那儿学到的最重要的东西就是这句话，而这句话不仅仅是一种尊重，更是一种解决问题的方法，是一种做科学的方法，一种做工程的方法。（如果你希望在一个公司，比如Google公司，对于最聪明的员工，你就要让他们有足够的空间去想他们做事的方法，并且支持他们用他们的方法做事情。）"

男孩，来温习一下培根的这句话："欣赏者心中有朝霞、露珠和常年盛开的花朵，漠视者冰结心城、四海枯竭、丛山荒芜。"前者用欣赏播撒希望，后者用漠视来扫荡风景。男孩，试着回想一下过往的经历，当你用欣赏的心去看待周遭事物的时候，你的内心是不是充满了阳光和愉悦？当你看到因你的欣赏之语改变了一些事情的时候，你是不是由衷地感到开心？反过来，以冷漠铸成一道城墙，以冷眼旁观的姿态来面对生活中的一切，那么阳光在哪？风景在哪？朋友在哪？男孩，学会欣赏吧！即使你不同意对方，也要学会欣赏对方。

你不可不知的道理

社会生活中，每个人都渴望得到别人的欣赏，同样，每个人也应该学会欣赏别人。欣赏与被欣赏是一种力量的互动，能欣赏人者一定心怀愉悦、仁爱、成人之美之善念；被欣赏者在得到正面的反馈后必定产生自尊之心、奋进之力、向上成长之志。学会欣赏，是拥有了一种感恩的人生态度；学会欣赏，是拥有了一种做人的美德；学会欣赏，更是让人生变得美好的法宝。

列夫·尼古拉耶维奇·托尔斯泰，19世纪俄国伟大的作家，是世界文学史上最杰出的作家之一，他被称颂为具有"最清醒的现实主义"的"天才艺术家"。主要作品有《童年·少年·青年》《一个地主的早晨》《战争与和平》《安娜·卡列尼娜》《复活》等。

男孩要学会用智慧呵护珍贵的友谊

朋友是可以为你遮风挡雨的人，朋友是可以为你两肋插刀的人，朋友是那个与你患难与共的人。不管是与朋友共享富贵，还是共赴患难，都必须相互信任。只有彼此信任的朋友，才不会生出嫌隙，才不会对彼此失望，才不会背叛对方。维护两个人的友谊，就是要最大限度地给予彼此信任。

有两个好朋友情同手足，但是上帝并不相信人间有真正的友谊，于是设计考验他们。

两个人在沙漠中迷失了方向，怎么走都走不出去。这时，上帝出现了，对他们两个说："我的子民，再坚持向前走一段，你们就会看见一棵苹果树，树上有两个苹果。吃下较大苹果的那个人就可以抗拒死亡，走出沙漠。而小的苹果，能让你苟延残喘，但是无法让你坚持到走出沙漠。吃小苹果的人最终将痛苦地死去。"

上帝说完就消失了。两个人思考之后，决定继续向前走，他们坚信自己一定能够走出沙漠。

果然走了10分钟之后，他们就看见了一棵苹果树，正如上帝所言，树上有一大一小两个苹果。可是两个人决定谁都不去碰那个能救命的大苹果。

正好到了晚上，两个人疲惫不堪，就决定休息一晚再赶路。在美丽的夜空下，两个人回忆起生活中的点点滴滴。夜深了，他们深深凝望着对方，都认为这将是生命中的最后一天。

第二天，当太阳再一次升起的时候，其中一个人醒了过来，但是他并没有看见自己的朋友。他看了看那棵苹果树，树上仅有一个干巴巴的小苹果。这个人马上明白了怎么回事。他失望得有些心痛，不是因为死亡，而是因为朋友的背叛。他无奈地摘下树上那个干巴巴的苹果，悲愤地吃下它。虽然只是一个干巴巴的苹果，但是他仿佛有了无穷的力气。尽管心中纳闷，悲愤也填满了他的内心，但是他还是努力地向前走。

大约走了半个小时，他看见了他的朋友已经倒在了地上，停止了呼吸。这时他才发现朋友手中的那个苹果比自己的还小。这位朋友用自己的智慧和生命呵护了友谊，保护了伙伴。

可是活下来的同伴却误会了朋友，朋友并没有背叛自己，而是摘下了那个小苹果，好让自己吃下那个较大的苹果，得以维持生命。

既然是朋友就应该有充分的信任，真正的友情是经得起考验的。我们每个人都希望得到朋友的理解和信任，但想一想，我们自己有没有先信任朋友？只有相互信任才能让友谊不褪色、不变质。

　　友谊不仅需要相互信任，也需要一定的距离和智慧。虽然朋友可以为你赴汤蹈火，荣辱与共，但是你们还是应该保持一定的距离。距离是一种美，是一种保护，更是一种智慧。人与人之间的相处，是需要留给彼此一定的空间的，这样你们才能呼吸一些新鲜空气，这样你们的友谊才不会是束缚，不至于成为负担。

　　寒冷的冬天到了，一群豪猪不得不聚在一起取暖。但是问题出来了，如果它们相互靠近，那么它们身上的尖刺就会刺到对方，它们万万没有想到身体上的这些用来攻击敌人、保护自己的尖刺竟然会伤害到同伴。

　　它们不得不散开，但是寒冷又让它们聚在一起，疼痛又让它们分开。这样经过几番聚散，它们发现最好是彼此保持一定的距离，只有在距离适当的时候，它们才能既可以彼此取暖，又不至于相互刺到对方。

　　友谊也是一样，凡事都依靠对方，对方也有"体力不支"的时候，对方也会感到疲惫。健康的友谊需要一定的距离，就像豪猪那样，找到一个合适的距离，才能利人利己，才能不伤害彼此。

　　呵护友谊需要彼此的宽宏大量，只有宽容才可以让两个人的友谊更长久。即使是心意相通的挚友也会有磕碰的时候，如果是斤斤计较的人，很可能会激化矛盾，两个人会因一点儿小事或小误会而产生嫌隙，最终可能会因此分道扬镳。

　　两个好朋友因为一点儿小事吵起架来，其中一个人控制不住自己的脾气打了朋友一个耳光。被打的人十分震惊，也感到十分屈辱，但是他只是蹲下来，在沙地上写下了一行字："今天我的好朋友打了我一巴掌。"

　　打人的那个人本来以为朋友也会还给自己一耳光，没有想到朋友就这么放过了自己，他觉得自己刚才太过分了。于是向对方道歉，两个人很快就和好了。

又过了两天，两个人一起去海边游泳。一个大浪翻打过来，那个被打了一巴掌的人被浪掀翻，眼看就要被冲走了。在这千钧一发之际，打对方的那个人竭尽全力游到朋友身边，一把抓住了朋友，把朋友救了上来。

被救起之后，先前挨了一巴掌的这个人用一把尖刀在石头上刻下了这样一行字："今天我的好朋友救了我一命。"

朋友疑惑不解，问他为什么上次把字写在沙地上，而这次却把字刻在石头上。

这个人笑着说："当被一个朋友伤害的时候，要写在容易忘记的地方，风和时间会抹去它；相反，如果从朋友那里获得帮助，我们就要把它刻在内心的最深处，风不能抹去它，即使时间也不能。"

很多时候，朋友的伤害是无意的，但是朋友的帮助却是真心的，我们应该时刻铭记那些真心的帮助，忘记那些无心的伤害，这样才不会让友谊蒙尘。

维持朋友间的感情，呵护两个人之间的友谊，需要做的事情有很多，但是最重要的就是以上三点：相互信任，让友谊没有嫌隙；保持一定的距离，不让友谊窒息；宽容大度，不让友谊蒙尘。

· 你不可不知的道理 ·

把不熟悉的人变成熟悉的人很容易，而把熟悉的人变成不熟悉的人更容易。很多人善于交朋友，但是他们很难维持友谊。友情比其他感情更像玻璃瓶，更容易破碎，有时候一点点小事就能够破坏友谊。因此，友谊之花一定要细心呵护。

延伸阅读

　　豪猪是一种啮齿类动物。它以棘刺闻名，棘刺有御敌的作用，最长可达35厘米。豪猪遇敌时棘刺竖立抖动，发出沙沙的声响，紧急时能后退，再有力地扑向敌人将棘刺插入其身体。豪猪常栖息于山坡、草地或密林中，洞居，常在夜间活动，并常有一定路线。它分布于非洲、欧洲的地中海沿岸，亚洲西南部、南部和东南部的热带和亚热带森林、草原中。

努力是最好的信仰：
做最好的自己

财富给我们带来丰饶的物质，成就给我们带来至上的荣耀，但是除了这些，人生还有很多重要的事情，比如爱心、快乐和感恩。有了这些，我们获得的财富、我们取得的成功才有意义和价值，也才能更长久。用进取的心对待世界，对待生活；用快乐的心创造世界，改变生活；用感恩的心感受世界，感受生活，这才是人生最重要的事情。

有爱，才有成功和财富

有这样一则寓言：

一天晚上，一位妇人突然听见敲门声，打开门一看，三位白发苍苍的老人想要借宿。这位妇人是个善良的人，虽然与他们素不相识，但是仍对他们说道："你们肯定饿坏了，快进来吃点儿东西吧！"

其中一位老人说："你的丈夫在家吗？"

"在家。"

"那你先去征求一下你丈夫的意见吧！"

妻子回到屋里，对丈夫讲了外面的事情，丈夫说："快去告诉他们，我们很欢迎三位老人。"

妻子邀请三位老人进来，但是其中一位老人说："我们三个不能一起进去，只能进去一个。"

这位老人指着左边的老人说："他是财富。"然后又指着另外一位老人："那一位是成功，而我叫爱。你去征求一下你丈夫的意见吧，看看让我们哪个进去。"

妻子又去征求丈夫的意见。丈夫十分惊喜，竟然有这样的奇遇，回答说："既然如此，那我们就让财富老人进来吧！"妻子想了想，说："我们还是邀请成功吧。"这时，小女儿说："我们为什么不邀请爱呢？一家人有爱是最好的。"

"那就听女儿的话吧！"丈夫和妻子都觉得女儿说得有理，于是出去将一家人的意见告诉三位老人。

"我们决定邀请爱进来。"

爱朝屋里走去，可是另外两位老人也跟在后面。妻子不解地问财富和成功："刚才我邀请你们一起进来，你们说不能一同进屋。现在我邀请的是爱，你们怎么又愿意进来了呢？"

老人们回答说："难道你们不知道吗？哪里有爱，哪里就有财富和成功！"

男孩常常将成功和财富定为自己的目标，这无可厚非。但是，男孩们不能忘记，这个世界上还有一种东西比成功和财富更为重要，那便是爱。因为爱，成功和财富才有意义；因为有爱，成功和财富才能追随你。

父母带着对孩子的爱，为了让孩子生活得更好，而努力创造财富；孩子则带着对父母的爱，为了不辜负父母对自己的期望，努力学习，向成功迈进。一个成功的人，只有心中有爱，他所创造的成功才有人欣赏，才不会孤独一生；一个有财富的人，只有心中有爱，他的财富才有人分享，他才会善用财富。爱是这个世界上最珍贵的东西，爱能够带来一切东西，爱也让一切东西变得有意义。

在遥远的波斯尼亚的一个小村落里，有一个叫费西玛的女人，她和相爱多年的恋人结婚了，并且很快就有了两个儿子。她的丈夫为了赚钱，每天都在外面奔波，他十分爱自己的妻子，每次从外面回来都会给妻子带一些礼物。在这些礼物中，费西玛最喜欢的就是一个精美的鱼缸和里面漂亮的金鱼。

但是，他们的幸福并没有持续多久。波斯尼亚爆发了一场战争，费西玛的丈夫在这场战争中丧生。费西玛失去了丈夫，也失去了家园，不得不带着两个年幼的儿子走上颠沛流离的逃亡之路。

在那战火纷飞的年代，费西玛不知道等待她和两个孩子的是什么。费西玛心中充满了悲伤，但是她明白自己必须坚强，因为她还要照顾两个孩子，而且费西玛知道丈夫在天堂肯定也希望自己能够幸福地活下去。

就是在这样的时刻，费西玛还是没有忘记丈夫送给自己的鱼缸和金鱼。因为它们不仅代表已逝丈夫的爱意，更是两条活生生的生命。但是在逃亡的时候，费西玛却不能将它们带走，因为那样它们会死在路上。于是，临行前她捧起金鱼缸从容地走向湖边，将金鱼轻轻放进蓝蓝的湖水里。

几年之后，这场战争终于结束了，费西玛带着两个孩子返回了家乡。村庄已经成为废墟，处处荒凉，原来的家已经破败不堪，院子里长满荒草。费西玛看见这一切，不知以后应该怎么生活。如果丈夫还在，那么自己应该不会这么担心了。想到这些，费西玛内心悲伤不已。

这时，费西玛的大儿子突然叫了起来："妈妈，你看，湖里面金色的一片是什么？"费西玛抬头看向湖里，那片金色在动，越来越近。终于，费西玛看清了，是一群金鱼。这群金鱼游到费西玛脚下。费西玛仔细一看，它们竟和当初丈夫送给自己的那两条金鱼一模一样。当年，费西玛就是把金鱼放生到了这湖里面的，这群金鱼应该是那两条金鱼的后代吧。

最令人高兴的是，两个儿子到湖中游泳，竟然找到了当年父亲送给母亲的那个圆圆的金鱼缸。费西玛高兴极了，仿佛自己与丈夫重逢了一样。她从湖中捞出两条金鱼，放在那个失而复得的鱼缸中。

费西玛和金鱼的故事很快就流传开来，人们纷纷来观看这个湖里面的金鱼。很多情人都会顺便买两条金鱼回去喂养。找不到生活出路的费西玛就开始卖起了金鱼，以维持生计。费西玛认为这是丈夫在天堂帮助自己和孩子。他们就这样逐渐摆脱了战乱后的贫穷，并终于过上了安宁殷实的生活。

当年，费西玛将金鱼放生时，未必料想到以后的结局。那两条金鱼就像是自己与丈夫，她不忍心看着两条生命就这样结束，于是她将这两条代表着自己与丈夫深深的爱的金鱼放生了。这是对爱的一种寄托。而就是这两条金鱼，后来帮助费西玛摆脱了贫穷，甚至获得了巨大的财富。事实证明，即使是两条金鱼，也不会辜负一份善意。有爱的人终将得到爱的回报。

你不可不知的道理

爱是滋养人性的源泉，是整个人性中最闪亮的部分。爱可以滋养出一切美好的东西，善用它，一切都会随之而来，比如财富、成功、机遇等。很多人总是想着千方百计地得到财富和成功，却把爱拒于千里之外，最后什么也没得到。连爱都没有的人，财富和成功还会到来吗？

延伸阅读

波斯尼亚和黑塞哥维那（简称波黑）是巴尔干半岛西部的一个多山国家，前南斯拉夫的成员之一，首都为萨拉热窝。1914年6月28日，奥匈帝国皇储弗兰茨·斐迪南大公在萨拉热窝遭当地青年暗杀，成为第一次世界大战爆发的导火线。1992年4月至1995年12月，波黑三个主要民族围绕波黑前途和领土划分等问题而进行战争，称为波黑战争，是第二次世界大战后在欧洲爆发的规模最大的一次局部战争。

相信自己，勇于挖掘自己的潜能

俄国戏剧家斯坦尼斯拉夫斯基有一次在家排练一场话剧，但是女主角因故不能参加演出。最后斯坦尼斯拉夫斯基决定让自己有表演经历的姐姐代替女主角参加排练。但是姐姐从来没有演过主角，排练过程中很紧张，演得很糟糕。斯坦尼斯拉夫斯基对姐姐的表演非常不满意，很生气地对姐姐说："这场戏是全剧的关键，如果女主角仍然演得这样差劲，整个戏就不能再往下排了！"

这时，整个剧场都安静下来，斯坦尼斯拉夫斯基的姐姐满脸通红，突然抬起头来坚定地说："排练！"

姐姐不再自卑、羞涩、拘谨，表演得非常自信、真实，把整个剧组的表演情绪都带动了起来。

最后斯坦尼斯拉夫斯基高兴地说："从今天以后，我们又有了一个新的大艺术家。"

很多时候，男孩都在羡慕别人取得的种种成绩，却没有意识到自己身上同样也存在着这样的潜力。很多男孩没有成为优秀的人是因为没有挖掘自己，不敢相信自己也具有这样的能力，自己把自己忽略掉了。而成功的人，却懂得发现并挖掘自己、突破自己。

任何时候男孩都不要只顾着欣赏和崇拜别人，而是要认真地认识自己，发现和挖掘自己身上的潜力。现代心理学所提供的客观数据让我们惊诧地发现，绝大部分正常人只运用了自身潜能的10％。可以这么说，每个男孩都有一座"潜能金矿"等待被挖掘。

一个学钢琴的少年走进练习室，钢琴上摆放着一份全新的乐谱。他知道这是老师留给自己的练习作业。

少年最近才拜这位音乐大师为师，他渴望得到这位音乐大师的赞扬和指导。但是在第一堂课这位大师就给了他一份比较难的乐谱让他弹奏。少年演奏得错误百出，大师叫他回家练习。

一个星期之后，少年终于将这份乐谱弹熟练了，但是大师并没有让他表演，而是又给了他一份乐谱。这份乐谱比上次的那个还要难。

这一次，少年练了两个星期才将它演奏好，但是迎接他的却是另外一个更难的乐谱。

有一次，少年翻看大师留在钢琴上的乐谱。"超高难度。"他喃喃自语，原来大师给他的乐谱竟然这么难，他感觉自己对演奏钢琴的信心跌到了谷底。

每次都是全新的乐谱，每一次都比上一次难。少年感觉自己永远也追不上进度，一点儿都没有上周练习时驾轻就熟的感觉。他越来越不安，开始沮丧、气馁。他感觉这位音乐大师在折磨自己。

当音乐大师走进练习室时，学生再也忍不住了，他问音乐大师为何这3个月来不断折磨自己。

音乐大师没有说话，而是拿出他第一次给少年的乐谱，让少年演奏。

不可思议的事情发生了，连少年自己都惊讶万分，他居然可以将这首曲子弹奏得如此美妙、如此精湛！音乐大师又让学生试了第二堂课的乐谱，学生仍然有高水平的表现。演奏结束，学生怔怔地看着老师，说不出话来。

"如果我任由你表现最擅长的部分，可能你还在练习最早的那份乐谱，不可能有现在这样的表现。"音乐大师缓缓地说。

人往往习惯表现自己擅长的东西，对未知的部分或自己不熟悉的领域却不敢轻易尝试。音乐大师正是明白了这个道理，才一次一次让少年挑战高难度的琴谱，这让少年的实力在高压的环境中逐渐得到提高。他跨越过一座高峰，再回头翻越那座比较小的山峰的时候，才会感到轻松。人的潜能经常被压抑，致使无法发挥出真正的实力，这种限制，可能是环境的原因，但是更多的时候却是因为人们的不自信。

世界潜能开发大师安东尼·罗宾曾经讲过这样一个故事：

重量级拳王吉姆在野外训练时曾经碰到过一个渔夫。这个渔夫撒网捕鱼，在收网的时候，却把大鱼放走，留下小鱼。拳王不解，问他为何不要大鱼。渔夫一脸诚挚地说："我家的锅太小了，放不下大鱼。"

罗宾表示，生活中像渔夫这样的人到处都是，他们时刻在担忧："千万不要来一条大的，我只有一个小锅。"还有的人在"祈祷"："我能力有限，千万不要把我赶出我熟悉的圈子，我害怕流汗。"

潜能被这种意识压制，便无法突破，无法取得更大的进步。其实人生来就是为了成就事业的，每个男孩心中都有一颗伟大的种子。只要男孩给这粒种子浇水灌溉，潜能便会被激发出来。只有潜能被激发，才有可能产生奇迹。

潜能需要激发，这种激发是一个过程。在这个过程中，很多因素会影响我们是否能顺利激发潜能，能否正确归因就是其中一个关键因素。

在学习上很多男孩都会把成绩不好归结于自己的能力不行，即使取得了好成绩也会认为是自己运气好。这样的男孩要么自卑，要么心存侥幸，限制了能力的发展和提高。这种错误的消极归因使男孩忽视了自己身体中蕴藏着的可以利用的潜能。

积极归因，是每个人应该学会的。当取得进步时，可以把这些进步当作自己能力强的体现，从而增强自信心，也可以将其归于"自己的努力"，这样会激发自己进一步取得成功的欲望，增强继续努力的动力。当偶尔失败的时候，为了获得心理上的平衡，为了鼓励自己更加努力，可以适当寻找一定的客观原因，比如任务太重或运气不好等。

无论是成功还是失败，都要认准一件事——那便是人的能力是无限的，人的智慧和想象力具有很大的潜力，勇敢挖掘它，发挥丰富创造力，会做出使自己都感到吃惊的成绩来。

· 你不可不知的道理 ·

任何一个健康人的大脑与科学家的大脑并无二致，两者之间并没有天差地别的鸿沟。大多数人并不是天生注定不能成为"爱因斯坦"，只要发挥出自己的潜能，任何一个平凡的人都可以做出一番成绩。人的潜能犹如一座未开发的金矿，价值巨大无比。

延伸阅读

斯坦尼斯拉夫斯基是苏联演员、导演、戏剧教育家、理论家，1863年生于莫斯科一个富商家庭，1877年在家庭业余剧团舞台开始演员生涯。1928年后，他全力投入戏剧实验教学与理论总结工作，有理论代表作《演员自我修养》，形成以"体验基础上的再体现"为基本内容的斯坦尼斯拉夫斯基体系，是苏联现实主义戏剧体系的主要代表，与德国的布莱希特体系和以梅兰芳为代表的中国戏曲表演体系并称为世界三大戏剧表演体系。这一体系对包括现代中国戏剧艺术在内的20世纪世界现实主义戏剧运动产生了很大的影响。

无论什么时候都不能放弃一颗向上的心

男孩，每个人的一生都不可能一帆风顺，所以无论什么时候都不能放弃一颗向上的心，即使你身处逆境，依然要保持努力向上的姿态，不为别人的眼光，只为自己的进步。

哈佛大学教授泰勒·本·沙哈尔身材矮小，长相丑陋——大长脸、鹰钩鼻，而且是秃头，但是他从来不自卑、不悲观，更没有放弃那颗积极向上的心。不仅如此，他还经常地给自己积极的心理暗示，从而使自己时刻充满斗志。

他经常从镜子里观察自己，当他观察自己的外貌、表情时，他会不断地分析自己的亮点。

当他看到自己秃顶时，他想到了莎士比亚也是秃顶；当他看到自己的鹰钩鼻时，他想到了大侦探福尔摩斯就是鹰钩鼻；当他看到自己的大长脸时，他想到了美国总统林肯就有一张大长脸；当他看到自己的小矮个儿时，他想到了拿破仑的身材也很矮；当他看到自己的一双八字脚时，他想到卓别林也有一双八字脚。

于是，沙哈尔告诉自己："我身上有古今中外很多名人、伟人、聪明人的特点，我是一个非同寻常的人，我将前途无量。"

正是凭借这种自我欣赏、积极乐观、永不放弃的心态，沙哈尔教授才能每天快乐地生活。

始终保持一颗积极向上的心，不仅要求我们始终坚持自己的梦想，更要求我们时时刻刻不忘学习。

我们从小就开始接受教育，从小就学习知识，从学校里面获得的知识无疑会让我们终身受益，但是仅靠在学校学习的知识是无法完全适应社会需要的，尤其是高速发展的现代社会，新事物不断涌现，社会竞争也越来越激烈，人们如果不及时提高自身能力和素质，很容易就会被社会淘汰。

男孩在学校里学习的那些知识只占一生所需知识的很少一部分，很多知识要在走出学校后获得。男孩不能固守原有的那点儿知识，希望那点儿知识能够管用一生。人的一生就是学习的一生。学习对于人来说是没有时间限制的。终生学习是人自身的要求，也是社会发展的要求。

德国的约翰娜·玛克司夫人是一位响当当的人物。1994年，她经过6年的刻苦学习，以70岁高龄获得了科隆大学的教育学硕士学位。79岁的时候，她完成了长达200页的博士论文，论文的题目是《如何度过晚年——学习使老人永远充满活力》，这使她最终被科隆大学授予博士学位。

所有的人无不对这位孜孜不倦的老人肃然起敬，玛克司夫人也被当地评选为"最伟大女性"。之后，玛克司夫人参加了电视台的脱口秀，于是越来越多的人认识了这个戴着眼镜、说话有条不紊、颇有幽默感的老人。这位精神矍铄的老人是那样的富有魅力，根本看不出她已经年近八旬。她周身都散发着睿智的光芒。

　　"吾生也有涯，而知也无涯。"只有不断地学习才能不被时代的快车甩在后面。更为重要的是，对未知领域的探索、对不解之谜的追问、对广袤的世界保持一颗好奇而充满想象的心，都可以让我们体味求索的乐趣，感受学习的快乐，让弱小者变得强壮，让虚无者变得充实，让老年人也能充满青春的活力。

　　著名教育家陶行知先生有一句话："活到老，干到老，学到老，用到老。"学习是人生永恒的主题，一个人能力素质的高低，最终取决于他能否锲而不舍地坚持学习。

　　男孩从现在开始就要对学习产生正确的认识，树立终生学习的观念，要有学习的紧迫感，抓紧学习，刻苦学习，并善于重新学习。只有这样，才能紧跟时代步伐，不断完善自己，让自己的人生丰富多彩，也才能担负起历史赋予我们的责任。

· 你不可不知的道理 ·

　　学习是人类生存和发展的重要手段，终生学习是自身发展和适应职业的必由之路。"活到老，干到老，学到老，用到老"，只有不断地学习才能不被时代的快车甩在后面。

延伸阅读

　　陶行知先生1891年生于徽州歙县一个贫寒的教师之家，他是我国著名的教育家，同时还是中国人民救国会和中国民主同盟的主要领导人之一。陶行知曾任南京高等师范学校教务主任，继任中华教育改进社总干事，先后创办晓庄学校、生活教育社、山海工学团、育才学校和社会大学，提出了"生活即教育""社会即学校""教学做合一"三大主张，生活教育理论是其教育思想的核心。其著作有《中国教育改造》《古庙敲钟录》《斋夫自由谈》《行知书信》《行知诗歌集》等。

永远忠诚，它值得你为之奋斗

这是发生在第二次世界大战期间的真实故事：

当时，苏联与德国法西斯在欧洲战场展开了激烈的战争。在战争中，当然少不了军犬。

苏联军队中有一个叫作斯达罗斯青的军犬训导员，他训练出来的军犬都十分出色，其中最为厉害的要属大狼狗文内尔了。它机智勇猛，每次任务都完成得十分出色。

有一天，斯达罗斯青所在的巡逻队正在巡逻时被一队德国兵袭击。在激战中，斯达罗斯青被一名盖世太保击中，倒在了血泊中。见到主人牺牲，军犬文内尔咆哮着向那个开枪射击的德国兵冲去，又撕又咬。德国兵吓得惊慌失措，冲着军犬连射几枪。文内尔也中枪倒地，鲜血从身体里汩汩流出来，但是它仍然忍着疼痛咬下那个德国兵的两根手指，这才倒在主人斯达罗斯青身边。

之后，苏联救援部队赶来，击退了德国兵的袭击。这时，文内尔还有气息，被战士亚历山大送去医治。但是伤愈后的文内尔不肯服从任何人，经常到斯达罗斯青的墓前哀号。军犬训导处决定让文内尔退役，送给亚历山大收养。两年过去了，文内尔的耳朵似乎全聋了，但是依然健壮，且嗅觉十分灵敏，视觉机警敏锐。

二战结束以后，亚历山大被调到德国勃兰登堡的一个镇上做文书工作，文内尔跟随亚历山大到了德国。这时距离斯达罗斯青牺牲已经整整8年了，文内尔已经有些老态，它每天步履蹒跚地跟随着亚历山大去工作。

有一天，他们走在大街上，文内尔突然紧张起来，它不停地嗅着空气，眼睛瞬间明亮起来，充满着仇恨和愤怒，全身的毛也都倒立起来，耳朵似乎也不聋了。突然它大叫起来，像当年冲锋一样冲了出去。亚历山大十分吃惊，他几乎没有见过文内尔这个样子。究竟是什么让文内尔这么激动呢？

文内尔一直向一条公路跑去，一会儿，他追上了一个德国人，毫不犹豫地猛扑上去将他按倒在地撕咬起来。那个德国人拼命反抗，大嚷大叫，掏出手枪向文内尔开了一枪。中弹后的文内尔仍然死死咬住他的喉管不松口。德国人顿时鲜血迸流，很快就摊开四肢死去了。

亚历山大和警察赶到现场后，只见文内尔蹲在死去的德国人身边恶狠狠地盯着他。警察检查尸体，发现这个德国人一只手上只有3根手指，身上有纳粹党证及盖世太保登记证。

亚历山大恍然大悟，这个德国人应该是当年打死斯达罗斯青的那个德国士兵。8年来，文内尔一直没有忘记这个人的气味。

文内尔终于为主人报了仇。文内尔目送着那个德国人的尸体被抬走后，眼睛便黯淡下去。它喘息着，然后靠近亚历山大，亲热地嗅了嗅亚历山大之后便永久地闭上了眼睛，停止了呼吸。

这是一个悲壮的故事，文内尔的忠诚让我们肃然起敬。事实上，文内尔在俄语中的意思就是"忠诚"。

忠诚是一种爱，是一种信任，是一种支持，是一种追随。忠诚是维系感情的基础，任何一种感情如果没有了忠诚的存在，就剩下欺骗、伪善和伤害了。对亲人忠诚，亲人才能善待你，在你需要帮助的时候帮助你；对朋友忠诚，朋友才能相信你，与你有福同享，有难同当。人与人相处之间需要忠诚，个人对国家对社会也应该忠诚，这样人生才能得到升华，才能让自己活得有意义。

忠诚是做人的基本准则，忠诚是做人的优良品质。做一个忠诚的人，才能让自己问心无愧；做一个忠诚的人，才能赢得他人的尊重。一个人要想有所作为，聪明、勤奋及忠诚缺一不可。男孩应该学会忠诚，这样才能成为一个合格的孩子，将来成为一个负责任的丈夫和父亲，成为一名合格的员工，成为一个值得信赖的朋友，成为一个有所作为的人。

你不可不知的道理

宋朝哲学家、教育家程颐说："人无忠信，不可立于世。"意思是没有忠诚信义的人是不能在社会上立身处世的，也难以成事。男孩要知道，当今社会并不缺乏有能力的人，只有那些既有能力又忠诚的人，才是社会急需的理想人才。

延伸阅读

黄宗羲，明末清初思想家、史学家，他的学问极其渊博，思想深刻，与顾炎武、王夫之并称为明末清初三大思想家。代表著作有《明夷待访录》等。

感恩父母：你一生中最重要的事

爱有很多种形式，无论哪一种爱都是真善美的情感，但是其中最真挚、最无私、最不会改变的就是父母对孩子的爱。父母的养育之恩是这个世界上最伟大的恩情，生病的时候，父母日日担忧，夜夜照顾；上学读书的时候，父母要付出巨大的心血；长大成人走向社会的时候，父母还会为孩子的工作、婚姻操劳。

亲情是一个人善心和良心的综合表现：孝敬父母，尊敬长辈，这是做人的本分，是天经地义的美德，也是各种品德形成的前提，因而历来受到人们的称赞。试想：如果一个人连孝敬父母、报答养育之恩都做不到，谁还相信他是一个完整的人呢？又有谁愿意和他打交道呢？

孝敬父母是中华民族的传统美德，身为子女，我们也要无条件地接受他们，爱他们。

一天早上，意气风发的杂志总编辑鲍比开着自己的新车，准备到前妻那儿接孩子度周末。但是就在孩子要上车的时候，他突然中风了。

接下来的5个月当中，鲍比瘦了30公斤；他的右耳听不到，右眼因为坏死而被缝起来。他唯一能转动的是脖子，唯一能沟通的方法是眨左眼。他不得不靠人喂食、清洗、翻身、包尿布——他蜷缩在轮椅上，如同一个植物人。

他前妻推着他，带着两个孩子来到"海滩俱乐部"，10岁的儿子拿着纸巾，一边走一边帮父亲擦嘴里流出的口水，而8岁的小女儿，只要路人一放慢脚步，她就走过来，把鲍比的头抱在她的臂弯里，亲吻着说："这是我爸爸，这是我爸爸。"

爱，就是接受、认可。父母对我们无条件地接受，无论我们是笨拙还是聪明，是美还是丑。同样，我们也应该无条件地接受父母。无论父母是穷还是富，是健康还是疾病。

著名节目主持人杨澜曾经讲过一个自己在采访生涯中遇到的感人至深、结局又令人惊讶的故事。那一次，她采访的对象是1998年诺贝尔化学奖获得者、美籍华人崔琦。崔琦出生在河南一个贫困的村庄，父母都是不识字的农民，但是他妈妈的见识超过一般农村妇女，她咬紧牙关，省吃俭用地送儿子出外读书。可崔琦没想到，这一走就是永别。后来他辗转到香港、美国，最终成了世界名人。

在节目中，杨澜问崔琦："你12岁那年，如果不外出读书，结果会怎么样？"

结果是——他不会有今天的成就，这是意料之中的答案。

"如果我不出来，三年困难时期我的父母就不会死了。"这是崔琦的答案，说完，他后悔地流下了眼泪。

他继续说：在他拼搏奋斗的生涯中，他不止一次地想过父母，想过有一天能和父母相守在一起。但世事不如人意，蓦然回首，父母已经离他而去。从此，人生无论怎样辉煌，终究无法弥补父母已经不在的遗憾。

男孩，你能够来到这个世界上，能够健康地成长，都是因为父母的抚育，父母给了你生命，哺育你成长，父母的养育之恩你终生都应该报答。孝敬父母，以一颗感恩的心对待父母，是我们一生中最重要的事情。

"百善孝为先"，孝敬父母是人类各种美好品德中最重要的一项品德。其实，父母养育我们并不是要我们报答，父母需要的或许只是一颗孝心。而我们报答父母，也不是一定要做惊天动地的大事，让父母住上豪宅，吃上山珍海味。平时，多关心父母，经常和父母谈心，关心父母的心灵是孝顺的最高境界。男孩在年纪小的时候，多理解父母，多为父母做一些力所能及的小事情，不为难父母，减轻父母的负担；长大成人后，赡养父母，多关心父母，不要用忙当借口，不要以赚钱为借口，要及时尽孝。另外，让自己健康地成长，让自己成才，少让父母操心也是尽孝的表现。

在人类社会中，孝心使每个家庭幸福美满，是社会最大的良心，是最为重要的品德，感恩父母，每个男孩都应该牢记，这是人生最重要的事情。

你不可不知的道理

亲情是一个人善心和良心的综合表现，"百善孝为先"，孝敬父母，尊敬长辈，这是做人的本分，是天经地义的美德，也是各种品德形成的前提，因而历来受到人们的称赞。古代缇萦上书救父、花木兰替父从军等都是经典的孝道典故，孝敬父母也是中华民族的传统美德。

"孝"是中国古代重要的伦理思想之一。元代郭居敬辑录古代24个孝子的故事，编成《二十四孝》，用来教育孩童，是我国古代宣传孝道的通俗读物。后来，又有人刊行《二十四孝图诗》《女二十四孝图》等，流传甚广。在传统的木雕、砖雕和刺绣上，常见这类题材的图案。

自强不息，做好适应社会的准备

一位生物学家曾经做过这样一个实验：将生长在同一个地方的菊芋一部分放在平原上让它生长，一部分放在海拔2400米的植物园里。几年之后，经过几代不断的更新繁殖，在平原上生长的菊芋没有发生多大的变化，但是生长在2400米高原上的植物园里面的菊芋无论是在形态、结构还是生理机能上都发生了巨大变化——变得更能适应高原气候了。

菊芋为了能够在高原上生存下去，就必须适应高原的环境。生物只有适应其所处的环境，才能在这个环境下很好地生存下来，植物是这样，动物也是这样。企鹅能适应严寒而生存于南极，骆驼能适应干旱而成为"沙漠之舟"，而恐龙即使那么强壮，也因为不能适应环境的变化而最终灭亡。

适应是普遍存在的生命现象，各种生物无一例外，而人更是如此，一个人的生活与成就都离不开社会，只有适应社会的人，才能被社会所接受，才能在社会上站稳脚跟，才能做出一番成就。

男孩，《皇帝的新装》《卖火柴的小女孩》《丑小鸭》《七个小矮人》等童话读本应该装满了我们童年的记忆。而这些不朽作品的作者便是著名的童话大师安徒生，他的人生是困顿而窘迫的，但是他以坚强的意志自立成才。小的时候，因为家里很穷，安徒生被富人们戏称为"下流人"的儿子，他的作品被人讥笑为"没有教养的人写的作品"，他的作品也根本得不到发表和上演的机会。但是他没有放弃自己的梦想和追求，而以坚强的意志抵挡外界的冷嘲热讽，一如既往不懈努力，在一所老旧房子的破阁楼上夜以继日地写作，终于创作出一篇篇经久不衰的伟大作品，成为享誉世界的伟大作家。

与之出身截然不同的唐代文学家韩愈与安徒生拥有同样的坚强意志。韩愈出生在官宦世家，然而他生活和仕途的道路却走得异常坎坷。他在逆境中求学、成才，继而成就了自己的事业。在一次又一次的坎坷和打击面前，他并没有怨天尤人、自暴自弃，而是自强不息，执着地研习学问，终成一代文学宗师。

男孩，自强不息的人，外界的任何干扰都摧不垮他，反之，他会越挫越勇，让自己成为生活的强者。如果我们不能驾驭外界，那么我们就一定要驾驭好自己；如果我们不能改变外界，那么我们就应该去适应外界。物竞天择，适者生存，社会适应能力强的人才不会被困难和挫折轻易打倒，才能坚持不懈实现自己的理想，才能立于不败之地。

张海迪5岁时患了脊髓病，从胸部以下全部瘫痪，她完全有理由沉浸在不幸的悲伤之中，她也完全有理由没有负担地在家人的呵护下静静地过自己的生活。可是，她没有给自己懦弱的理由，她选择了"站"起来。从那时候起，她用超人的毅力开始她独立的人生。她无法像其他的孩子那样正常地去学校学习，于是，她便在家中自学了中学的全部课程，除此之外，她还自学了大学英语、日语、德语和世界语，并攻读了大学和研究生的部分课程。从那以后，张海迪走上文学创作之路，先后翻译《海边诊所》等数十万字的英文小说，编著了《生命的追问》等书籍，她的众多作品先后在国内外出版。她用坚强的意志让自己自立于社会，她用自立丰满了自己的人生。

男孩，陶行知先生说过："滴自己的汗，吃自己的饭，靠人靠天靠祖上，不算是好汉。"这无疑向我们传达这样的思想：人要学会自立，更要懂得自立背后的意义。因为，总有一天，我们会长大，会离开父母的怀抱去面对外面的风风雨雨，总有许多问题需要我们自己去解决，自己去面对。我们不能事事依赖他人，进入社会之后，也没有人毫无理由地让你去依赖。

男孩，当自强自立！

你不可不知的道理

屹立在悬崖边的松树，风吹雨打摧毁不了它挺拔生长的意志，雪压霜欺更锤炼出其蓬勃向上的斗志，它以无畏无惧的姿态展示其青翠的枝丫，这绝对会使人想起两个字：自强！自强是一种威武不能屈、贫贱不能移、富贵不能淫的气度；自强是拒绝攀附，不将生命的缰绳交到他人手中的人生态度；自强自立，是生命里一道亮丽的风景线，愿它伴随着你走向希望，走向成功，走向圆满！

延伸阅读

平原是海拔较低的平坦的广大地区，海拔多在0~500米，一般都在沿海地区。海拔0~200米的叫低平原，200~500米的叫高平原。平原根据成因分为冲积平原、海蚀平原、冰碛平原、冰蚀平原。世界上主要的平原有印度河平原、美索不达米亚平原、东欧平原、西欧平原、尼罗河三角洲平原、亚马孙平原等。高原是指海拔高度在1000米以上、面积广大、地形开阔、周边以明显的陡坡为界、比较完整的大面积隆起地区。高原最本质的特征是地势相对高差低，而海拔相当高。高原分布甚广，连同所包围的盆地一起，大约共占地球陆地面积的45%。世界上最高的高原是中国的青藏高原，面积最大的高原为南极冰雪高原。